哪有不辛苦的人生

童 路◎著

北京工艺美术出版社

图书在版编目（CIP）数据

哪有不辛苦的人生/童路著. — 北京：北京工艺美术出版社， 2018.3
（励志 · 坊）
ISBN 978-7-5140-1205-7

Ⅰ.①哪… Ⅱ.①童… Ⅲ.①成功心理-通俗读物 Ⅳ.①B848.4-49

中国版本图书馆CIP数据核字（2017）第030005号

出 版 人：陈高潮
责任编辑：张怀林
封面设计：天下装帧设计
责任印制：宋朝晖

哪有不辛苦的人生

童 路 著

出 版 北京工艺美术出版社
发 行 北京美联京工图书有限公司
地 址 北京市朝阳区化工路甲18号
中国北京出版创意产业基地先导区
邮 编 100124
电 话 （010）84255105（总编室）
（010）64283630（编辑室）
（010）64280045（发 行）
传 真 （010）64280045/84255105
网 址 www.gmcbs.cn
经 销 全国新华书店
印 刷 三河市天润建兴印务有限公司
开 本 710毫米×1000毫米 1/16
印 张 18
版 次 2018年3月第1版
印 次 2018年3月第1次印刷
印 数 1～6000
书 号 ISBN 978-7-5140-1205-7
定 价 39.80元

CONTENTS

目录

谁的人生不是负重前行

CONTENTS

辛苦时更要学会爱自己

目录

勇敢踢掉人生的绊脚石

CONTENTS

选择合适的方式去生活

目录

坚强而深情地对待人生

“

谁的人生
不是负重前行

爱拼才会赢，

噙着眼泪笑，

总比悔恨痛哭好。

每一个努力的人 都值得被大声赞扬

[1]

毕业第二年，我离开生活多年的小镇。只身一人来到陌生城市。

我想，当我们真正脱离父母庇佑的时候，才明白那些曾经的美好，不过是他们在替你负重前行。而独立的生活，靠自己是有多艰难。

几乎是同一时间，所有的房子、水电、包括你的肚子都向你伸出双手，可你只能一人承受。一份工资，对你来说何其重要，你靠它有地可住，有饭可吃。

所以你情愿加班加点，拼了命地干，不过是想累积经验，得到认可。

很多人不愿离开父母身边，大概是害怕承担这份自我买单的责任。

可是，真正的成长，是需要独自去历练的，既然选择了，就要坚定地走下去，只有这样才会收获更多。

[2]

因为工作拼命，身边渐渐有朋友对我说："你也太拼了，凌晨一两点睡觉，早上六七点就起来，还要命吗？"

也有人说："一个女孩子，不要那么拼，干事业是男人的事。"

好像所有的人都在质疑你，女孩子那么拼干吗？值得吗？

只有你一个人，在漆黑的夜里，用低到自己都心碎的声音，说一句：值得。

所以，我想告诉你，我为什么要拼。

[3]

我很普通，就像这个世界上千千万万普通家庭孩子一样。念初中时，家道中落。父母因为工厂改制，双双下岗，一下子就断了经济来源。

那段时间，我爸天天抽烟，心里急躁，我妈催促他找个工作，而自己也起早贪黑，做起小摊生意。

可我爸妈大概是做不成商人的那类人，商人啊，无商不奸。他们总是明码标价，货真价实。记得当时，妈为了保证质量，都是最好的原料，再用紫砂锅熬煮，所以粥熬得很好，成本高，价格也不低。可这些在当时还闭塞的小城，不被待见。

久之，我妈的铺子因为经营不善，草草收场。

那时，我每个月生活费两百，面对很多喜欢的东西，望而却步。校园里，大家都穿着校服，可还是攀比着鞋子、包包，这些闪亮的logo，无时无刻不在刺伤了我的双眼。

我买不起，这些是远超过我生活费的物品。父母已经在艰难地筹集我的学费，我没脸去要。

我自卑，甚至不敢跟别人正眼相对。也是从那一刻起，我决心要努力，不光是为了以后能有购买力，更多的是，要改变家境。

在那段跨越几近十年的艰难岁月里，我妈十年没买过一件新衣裳，我爸永远抽着廉价的香烟。可即使是这样，还是把仅剩的一切都给我了。

我爸曾说，砸锅卖铁，也要让你读书读好。时至今日，想起来，这样简单的话还是无比痛心。

穷人家的孩子早当家，是岁月催促我觉醒与成长。

所以，我要拼。

[4]

后来，让你失望了，并没有惊喜。我家条件依然糟糕。那一年，我上大学。

也是同一时间，我爸的好友，给他介绍了一份工作，离乡背井，他也去。

生活有时候喜欢跟你开玩笑，我爸曾说，如果没有这份工作，我大学的学费他都急红了眼。

放暑假，我第一次找爸爸，那天，我们一起吃饭。

我爸像是莫名有种负罪感地说：

“孩子，我对不起你。我没能力，知道你喜欢画画，却在你最重要的成长年岁里，无力负担和培养。也给不了除了吃以外的其他物品，甚至连吃，都是那么拮据……”

不知道怎么了，我就落泪了，眼泪流到嘴角，咸涩不堪。

我说：“爸，都过去了，我怎么能怪你。”

那一顿饭，我吃到心痛。

而后来，我想起那些在现实面前折翼的梦想，想起看到小侄女想画画去报班，想学琴去买钢琴，她嘟囔着嘴说：“我不想那么累，我想玩。”的时候，我的眼里只是涌入无边黑暗的落寞。

那一刻我才明白，家庭和出生我们从来不能选择。父母已经在尽全力让我们衣食无忧了。

可我们长大了，还能选择自己的人生，靠自己去勇敢拼搏啊。

“成为不了富二代，就成为富一代吧。”我总是给自己鼓劲。

[5]

家里的改观，我的大学好了一些。

马克思主义的书里，写着“人人平等”，但我明白，人人生而不平等。是外在给我们每个人贴上太多标签。

那时候，我们宿舍六个人，其中一个家境殷实，而我跟Z处得好。

有一次，我俩吃完饭，散步到湖边。

Z低着头，看着平静的湖水，长时间地沉默，就像跨越了一个世纪。

她说：“你知道吗，我有多羡慕她就有多恨现在的自己。”

“她啊，从来不用用功学习，不用担心手头的钱，穿着都是我叫不出名字的奢侈品牌，提着我孤陋寡闻的高档包包，她每天只要睡睡觉，看看剧，化个妆，开心出去约会就好。我呢，要毕业了，努力投简历，焦头烂额跑面试。”

“她啊，踩着两万一双的皮鞋，我只穿三十块的布鞋，她轻言浅笑，我却用借来的西装故作镇定地对着HR逞强。”

Z转过头，说了句我心疼了好久的话：

“我们什么都没有，有的就只剩自己了。”

那一天，我看着从来骄傲的Z啜泣着流泪，一边哭一边笑。

“我不是比谁惨啊，我只是相信我一定可以靠自己拥有想要的未来。

我，一定可以的。”

不知道该安慰还是心疼，我只是用力地抱抱她。

我也一样，我也要拼。

[6]

所以，想告诉你，我为什么拼啊。

为自己，既然没有家财万贯，就要靠拼搏和勇敢去创造可能的未来

我们工作，不仅是为了那付出精力和时间得到的工资，更是收获在这个过程中的成长，拥有属于自己的成就感以及来自社会的信任和肯定。

有朝一日，说出那一句再也不看别人眼神的："我买得起。"因为天生已经不丽质，所以天生要励志。

为父母，我很穷，但我没有贫穷的思维

读书是我唯一可以抓住的藤蔓，而事实上，通过读书，我学会了很多道理，因为更加懂得自己的需要，所以能更好地选择人生。

婚姻诚然能成为向上流动的渠道，是一个女孩的重生。但，如果你本不是个优秀的女孩，又怎能进入一个优秀的圈子，结实更多有趣的人呢？一个女孩子的一生，不可阻挡的有两个坎——婚姻和生育。可我依然希望，能不放弃事业，保持你的独立性，回报原生家庭的关爱。

因为啊，我要对父母负责，成为一个小棉袄，更是一个发热的小太阳。

为孩子，面对喜爱之物，能够有所选择

我见过吃一碗牛肉面因为肉少了而跟老板争吵的女孩，她的贫穷让她无力反驳。

我记起看过的书，书上说："我要我的孩子，无论贫穷富贵，百万家资

或颠沛流离，都要一样地从容豁达。”

这让我想到曾经年少受过的不甘，不希望自己的孩子，去面对他所爱之物必割舍、所想之事必抛弃的无奈。

我不愿让他走上我背负的道路，也不愿看到他噙着泪花在汹涌的人潮几近崩坍的脸庞。

所以，我要拼，创造条件，为了让他能够拥有选择的权利。

为社会，做一个新时代的女性，完成一次人生的逆袭。

激发自己的潜力，为这个社会的发展贡献力量，女性，不再是“弱势群体”，社会不因你是女生而怜香惜玉。所以，不要变成一个年纪轻轻就亲手杀死自己的人。

[7]

这就是我想告诉你的，我这么拼的全部理由。

爱拼才会赢，噙着眼泪笑，总比悔恨痛哭好。一个人一生就一次，总要拼点什么让自己不至于活得那么平庸。你说呢？

我相信，每一个努力的女孩都值得被大声赞扬。

最美的东西往往
不是眼睛所看到的

[1]

老胡说，于一个姑娘而言，你永远无法用金钱换来她最宝贵的东西，你也别想用眼睛看到她最美的样子。她若爱你，愿用无价青春陪你度过艰难岁月，她最美的模样，永远不是那定格在脸上的容颜，而是你用心感触的美好。

虽然，老胡现在还没有女朋友，那我还是挺认同他这句话，说起来蛮有道理。

当网红越来越多，当微整容越来越普遍，当各种神效化妆品被热捧，你会发现身边的“美女”越来越多，超市里、地铁上、公园内……那么多貌美如花的姑娘，总是让我们的视线流连忘返。

随着年龄的增长，当我们逐渐踏入社会里，发现在这个看脸的世界里，没有好的颜值该是有多吃亏。同一场面试里，在能力相近的情况下，颜值高的那个总能得到青睐；在超市推销同类型的商品时，颜值高的那家总是会吸引更多的顾客；就连相亲的时候，没有心仪的颜值也不想久坐长谈……

相比于男生，女生在这方面的影响会更大。于是越来越多的姑娘尝试着做出改变，有的则是坚持锻炼，控制饮食来改变自身，有的则是通过现代技术或药物来弥补不足，也会有坚持自己的生活态度，相信自己就是最好的，过着洒脱写意的人生。

其实不论通过什么方式，每个人最终的目的只不过是想让自己变得更好，想让自己的人生活得更加精彩而已，初心都是积极美好的。

只是，在你不断变美的过程中，请别落下自己的灵魂。你拼了命地让肉体跑在前头，却发现落下的灵魂离了自己好远，到最后，自己的修养却配不上美貌，就真的可悲了。

[2]

昨天室友过生日，于是寝室几个便一起出去搓了一顿，因为都是学生，大家就建议到小餐馆里吃一顿就好了，免得让室友破费。

最后我们到了一家川菜的店，就在学校附近，因为这家店确实物美价廉，菜的分量足而且价格又不贵，很多学生和周围的居民都会在这里吃。

等我们到店里的时候，人还不是很多，于是我们选了靠近窗的位置，拿了菜单，各自点了几个爱吃的菜，叫了一箱啤酒，便嗑着瓜子等上菜了。

就在大家闲聊的时候，门口走进了一位大美女，真的很漂亮，披肩的乌黑长发，精致的五官，白皙的皮肤，一切美女该有的特征，在她的身上都得到完美的体现。

美女坐在离我们五桌的地方，点了几个菜后便低头玩起了手机。而我们这桌的几个大男生都时不时地向她那瞟了几眼，而后便看着对方说句，“真是猥琐。”“你也好不到哪去。”然后便是相视一笑。

我们点的菜很快就被端了上来，大家便开了啤酒，碰了一杯，都祝福室友生日快乐，然后便吃了起来。

[3]

在美食和啤酒面前，我们渐渐淡忘了美女的效应，大家觥筹交错，推杯换盏，好不痛快。就在我们喝得尽兴的时候，忽然听到一个女人的大喊声，还有轻轻的呜咽抽泣声。

转头望去，原来是那位美女正在拉着一个小姑娘在说着什么，小姑娘好像就是老板的女儿，平时下课后会帮着店里端端菜，拿拿饮料什么的。

“你说怎么办吧，我这身衣服是前天买的，2000多，怎么赔吧。”依稀中听到美女冲着小姑娘在说什么赔偿，不一会儿，老板从后台走了过来，低着头向美女在道歉。

原来小姑娘在端汤下盘的时候，手滑把汤洒到了美女的衣服上，确实有点污渍，但也没有多大的事情呀，没有必要把人家小姑娘都弄哭了。

老板说给美女免单，并答应会报销美女衣服的干洗费，但美女仍旧不同意，说要赔偿全额，要换一件新的衣服，2000多块钱，也不是个小数目，人家做个生意也不容易，况且，又不是弄破了或者毁坏了什么的，就是一些油渍，是可以洗干净，也不会留下印记的。

几个人围在那里，说道了挺久，小姑娘知道自己犯错了一直在哭，她的母亲出来把她拉在身边。因为快到晚餐高峰了，等下顾客肯定会特别多，老板希望美女能够退一步，而一些在店的顾客也说算了算了，但美女仍旧不依不饶。

最后经过商量，老板好像赔了一部分钱，美女才拿着包离开了。

看着美女离开的背影，仿佛好像没有开始那么让我们惊叹了，那修长的身影，披肩的长发，怎么在我们的眼中显得那么做作和不自然。

[4]

美女不美么？不，很美。怎么看着那么美的容颜，却心生不了一点点欣赏之意。

应该是那完美的躯体下的灵魂有点丑陋吧，最基本的修养都没有，怎么让别人赞美呢，再精美的礼物盒，里面装着令人厌恶的东西，都无法让人为之着迷的。

这让自己不禁想起，在春暖花开的日子，很多美女都结伴来学校参观游玩，美景美人都让人赏心悦目，可是，总有那么些个美女，为了定格相片的美好，摘下那娇艳的花，摆出最美的POSE，拍出瞬间的动人。

相片确实拍得很好看，花美人甜，足够让人感受到春天的美好，只是，再美的照片也弥补不了缺失的道德和修养，只活在陌生人眼中的美丽，终究是一场须臾。

[5]

每个姑娘都有一颗爱美的心，无可厚非，你那么努力变好，每天坚持着锻炼，看到想吃的都咬着牙忍住了，每天护理自己的肌肤，打理自己的秀发，这些的种种，不就是想让自己更美么。

只是，当你那么急切地完美自身的形象时，请别忘了那个内在的灵魂，那属于你自己的修养，是绝对不可丢失的，你要知道，再美的花朵没有一根茁壮的根系，都是无法开出最绚烂的美丽。

美丽是可以打造的，那骨子里的善良、包容、谦让却需要慢慢积累，需要你时时刻刻地铭记，融在血液里的习惯才能流动终生，那内在的修养才能伴你活出最美的自己。

有很多明星，在荧幕上光鲜美丽，精致的美貌让无数人为之疯狂，可是一旦曝出自身的丑闻，曝出她们生活上的最丑陋的地方时，这时便又会涌出无数的黑粉，曾经那么的美好都是泡沫，美丽的容颜终究抵不过真实的丑陋。

我们于周围很多人可能都是陌生人，留下的也不过是一面之缘，所以我们尽量留下最美的自己，但在生活中，四周都是熟悉的人，都是要一起工作和生活的朋友，在他们的眼中，我们的容貌则真的没有那么重要，他们在意更多的是我们这个人，我们的性格，我们的修养，我们的为人处世。

所以啊，姑娘们，有时间请停下来思考下，自己究竟还差点什么，对着镜子看看时，想想究竟自己是否辜负了这动人的美貌。

要记住，最美好的东西，都不是眼睛能够看到的，而这些，往往就是你最缺少的。

只有当你足够好，才能遇见更好

罗胖曾经讲过一个故事，大意是这样的：

他有一个非常漂亮的女性朋友，从事销售工作，出售的不是牙膏面盆之类小件日用，而是那种一笔吃一年的大单，虽然三百六十行行行出状元，但她这个行业听起来似乎挺高大上。于是，老男人罗胖好奇了，很直白地问：你长得这么好看，做的又是大生意，难道没有客户对你提出潜规则？常在河边走，你就没有湿过鞋吗？

漂亮的女性朋友略微沉吟，说：还真有，但是我考虑了一下没接受。我原原本本告诉对方，谢谢你对我有好感，我对你也一样，可是行业里没有不透风的墙，这回我如果答应了你，就意味着下回不能拒绝别人，工作标准得一刀切，那我整个职业性质就变了，我从一个卖本事的姑娘变成了卖色相的姑娘，而行业这么大，我不能一路“睡”过去，你喜欢我一定会替我考虑，我们还是把这种好感变成彼此的体谅和尊重吧。

于是，没“睡”成的客户变成了漂亮女性朋友的朋友。

可见，人们在选择潜规则对象的时候都是要思索的，首先觉得可能性大，其次觉得风险性小，最后还会试探，试探不成便聪明绕道，完全不是见哪儿扑哪儿的那种。而一个被成功潜规则的人，一定流露出了某种气质和特性，也就是俗称的：盆子不嫌罐子黑。

这句话文艺点可以说成：当我足够好，才会遇见你。

哲理一些能够表达为：我们是谁，就会遇见谁。

但我更喜欢郭敬明简单粗暴的直言不讳：我们是什么货色，世界给什么脸色。

所以，大家才能看到很多天造地设的搭档：一直喜欢嫁富豪秀幸福然后被抓包上电视哭诉抢女儿的黄奕和第二任丈夫黄毅清，没有牵手汤姆·汉克斯就病倒在奥斯卡大门外铩羽而归的黄圣依与霸道总裁杨子，还有那个总是抱怨职场上遇人不淑至今没有获得提升的朋友的朋友，以及她总是搞不定的工作。

奇葩一定能嗅出另一朵奇葩独特的香气，安徽有一道名叫“绝代双臭”的菜，臭鳜鱼烧臭豆腐，这样的搭档，确实是绝配。

只是，如果说“当我足够好，才会遇到你”，那么反过来也可以理解成“当我不够好，好事也不会来”，而这个不怎么好听的理由，才是很多事情真正的答案。

玛利亚·卡拉斯是20世纪最伟大的女高音歌唱家，优雅美丽，一生演出歌剧上百部，音量幅度极其宽广，从轻巧的花腔女高音到最壮实的戏剧性声部都能胜任，她还擅长形体表演，演出充满雕塑美。

刘欢曾经与乐评家金兆钧等人一起观看她的演出录像，当卡拉斯出现时，刘欢叫起来：看哪，这才让你知道什么是仪态万方！

这个仪态万方的女神，年轻时却是个一脸青春痘的胖子，她依靠拼命吃东西弥补童年不被母亲喜爱的缺憾，所以，她身高五英尺八英寸，相当于一米七三，体重却超过200磅。即便20个世纪前半叶，没有哪个女高音歌唱家不拥有丰腴的身材，但是，她依旧被所有著名歌剧院拒之门外。

屡次碰壁之后，她不再期待奇迹发生，而是花了一年时间把体重从106公斤减到60公斤，做了激光美化肌肤的治疗，不好看的女胖子变身时尚偶像，米兰的斯卡拉歌剧院向她敞开大门，将近20年里，她女王般地统治着歌剧界。

只是，如果不减肥，她依旧只是个会唱歌的女胖子，被一家又一家歌剧院以各种冠冕堂皇的理由拒绝。

思维方式有两种，一种认为解决问题的症结在别人，另一种觉得搞定困难的关键在自己。

前一种人总是感到绝望，永远所嫁非人；后一种人常常发现惊喜，总是能找到新的机会和出路。

我们在这个世界上真正的得分，往往是自我评估的八折——每个人多多少少都要把自己想象得能耐大点才能包容住心底的脆弱，而生活给我们的脸色又总是在八折的基础上再次做了盘剥，所以，经历螺旋式递减之后，只有实力仍然足够强劲的剽悍家伙，才能够看到生活的好脸色。

那些温暖的假话就像无用的鸡汤一样没劲儿。

而迷信，就是傻子遇到骗子的结果。

前两天，朋友给我发了个段子：

年老力衰的黄鼠狼在临近山谷的鸡舍旁边竖了块牌子：不跳下来，你怎么知道自己不是雄鹰呢？

于是，每天都有认为自己是雄鹰的鸡热血沸腾地从悬崖上跳下来摔死，成了原本丧失捉鸡能力的老黄鼠狼的午餐，这下，妈妈再也不用担心我会老啦，黄鼠狼天天吃得饱饱的。

其实，朋友的本意是讽刺我这种鸡汤作者给读者“打鸡血”，没想到，反而贡献了一个素材，让我今天能够多唠叨两句：

假如我们是只认不清自己的小笨鸡，就会有条黄鼠狼，在鸡舍旁边竖块“不跳下去，你怎么知道自己不是雄鹰”的牌子，等着我们自投罗网。

还有，今天为啥起这么难听的标题呢？

因为真相没几个好听的。

你现在的安逸，未来会买单

[1]

工作的地方离我住的屋子比较远，所以每天早上，我都需要提前一个多钟头出门去上班。

今天早上，跟往常一样，我早早出门。然而，地铁站的人异常的多，车已经过去了好几趟，我却一直挤不上去。等到最后好不容易挤上去了，瘦小的我却被挤得无法动弹，手臂甚至被挤得有点发红。

我掏出手机跟朋友们发微信抱怨，朋友琪跟我说，“我在1号线还好。”我说，“我是2号线转5号线再转1号线，得等到后面才会松一点。”

这时，看到我们聊天记录的莹突然蹦了出来，跟我们说：“我是2号转4号转5号，再转公交的。”

莹以前是做人力资源的工作。后来，她找到了自己喜欢的职业方向，鼓起勇气，辞职跨行。她拿到了很多新公司的offer，有些公司离家很近，待遇也挺好，但是，莹最后却偏偏选择了现在这家公司，待遇一般，离家也很远。

我很不解地说，这不是折腾自己吗？莹却回答：“这家公司的平台背景比较好，而且很多成员都是从世界500强公司过来的。跟优秀的人一起共事，会进步得更快，以后才会有更大的空间。虽然远点，但还是想试一试，坚持一年看看吧。”

为了更好的未来，莹需要每天早出晚归。即便如此，她依旧没有半点怨言，每天都很认真地工作，这让我很佩服。

有时候，我们会觉得自己已经很努力了，觉得自己很辛苦，都快被自己的拼劲感动了。但是，跟别人一对比，才知道天外有天，人外有人，才知道别人比我们还辛苦，才知道别人甚至比我们更拼搏。原来，跟你一样每天早出晚归的人有一大把，为了诗和远方，大家都拼尽了全力。

[2]

我想起之前看过的一个故事。

有一家公司的老板，在下班之后，突然发现了一家适合谈合作的公司。老板把助理叫来，说，你去打电话跟他们聊一聊，约一下时间。

助理看了看时间，都快晚上8点了。她跟老板说，现在都8点了，人家早就下班了，要不明天再打吧。老板笑着对她说，你不试试，怎么知道人家下班了呢？

于是，助理做好相关的准备，然后去打电话。

电话拨打出去，果真有人接。助理很吃惊地说，你们这么晚还在加班啊？

电话那头的人说，你们不也在加班吗？

其实在生活中，我们很多人都很像故事中的助理一样，自己处于怎样的状态，便以为别人也是怎样的。可是，很多时候，事实跟我们想得却完全不一样。

下班回家，有的人吃完饭洗完澡，舒舒服服地在看电视，可有的人继续赶项目，或者看书学习。没有人会告诉你，他在空闲时间有多拼。很多人都是在默默努力，每天比别人多付出一点点。成功的机会，也往往会降临在他们身上。千万别天真地以为你在轻松享受的时候，别人也会跟你一样。不要等到若干年后，或许别人已经成功了，而你，却依旧原地踏步。

[3]

读书的时候，我们经常会遇到这样的同学。他们上课不怎么听课，趴在桌上睡觉，看上去不努力，可是，每次考试却考得特别好。

印象最深的是当时班级里面有个男生读书很厉害，每次上课，老师在上面讲，他都是趴在桌子上，大家都以为他睡着了。有一次，老师看到他“睡觉”，就让他起来回答问题，没想到他居然知道老师讲到哪里，跟老师对答如流。后来我们发现，平时上晚自修的时候，他是超级认真地在学习。回到宿舍后，他也坚持看书做题。

很多时候，我们也想取得成绩、有所成就，所以，也会经常跟别人做比较。看到别人不怎么努力，却有那么好的成绩，我们或许会很慌张，或者羡慕妒忌恨。可是，我们往往只看到别人的成功，却看不到别人背后的努力。

这个世界上，天才好少好少，大部分的人都跟我们一样普通。成功的人，他们总是在我们看不到的背后，多做了一些努力。所以，不要轻易去羡慕别人的成功。自己多付出一点努力，每天多努力一点点，积少成多，相信有一天也会量变产生质变的。

[4]

有时候，我们觉得自己工作、生活得很累、很辛苦，但是跟别人一对比，才知道自己是多么的幸福。

有时候，我们觉得自己已经很努力了，但是，当你知道别人背后是如何付出的，你才意识到自己的努力只能感动自己。

有时候，我们羡慕别人的成绩和成功，但是，我们并不知道别人究竟有多么拼命、多么努力。

我始终相信，没有一份成功、没有一份好成绩，是轻而易举就能获得的。生活中，无数的人每天都在默默地坚持着，每天比别人多努力一点点，向成功靠近一点点。他们为了诗和远方，在人们看不见的背后拼尽了自己的全力。

不要在可以追求诗和远方的年龄，选择安逸。不然，在该安逸的时候，你也就只能努力地活着了。

在认清生活真相之后，更要热爱生活

这些天看知乎，两个问题印象颇深。其中一个问，“你在知乎上见过的最不公平的事是什么？”

有高票答案这样写：“最大的不公就是靠晒照吸关注吸赞同。”话有所指，但答主略有些苛刻。

如果用心戮力地读书、求职、打拼，是多数人的奋斗模式，拥有过人的容貌是天赋，精致地打扮、展示，也算不上捷径。

不主流，未必不合理。关于他人的欢笑与痛苦，我们时常轻率地界定，并任由成见滋衍，到最后，也分不清是为厌恶而抨击，还是为批评而嫌弃。

生而为人，都是苦乐交替，谁也不必看低谁。

另一个问题是更具体的经历，几乎引发关于社会阶层的争论。题主说：

我1岁来到上海，在上海一直读到初三，成绩一直是年级前十，初三按我的成绩进上海四大高中没问题。然后因为户籍问题，上海不让我读高中，于是我回到江苏读高中。由于上海和江苏教育理念不太一样，回去后直接变成年级倒数。

但是经过我的努力，三年后考上了江苏省的一所985大学。又过了四年，我即将毕业，拿到了份10w年薪的offer，地点也在上海，我的父母都以我为荣，我也很自豪能改变家族的命运，从此不用被人嘲笑被人鄙视，不用像父母一样每天凌晨5点起床去抢摊位糊口，不用忍受一家人挤在7平方米的棚户区。

但是昨天有初中同学把我拉进了我们的初中群，我才发现当初那些上海本地同学大都高中就出国了，一部分大学出国的，而留在国内的，父辈也大都给买了房，可以说，我算是我们班混得很差的一个。

和他们叙旧，我发现七年的时间早已拉开了我和中产阶级家庭子女的差距。他们的谈吐、气质、视野都不是我能比的。当我在老家挑灯夜战备战高考时，我的同学早已在美利坚交换生家庭感受国际视野。我本以为我已足够优秀，可没想到，差距依旧如此之大。

为此，题主问："努力了七年却依旧被中产阶级家庭子女完爆，我该如何调整心态？"

道理都好讲：人生是场长跑，题主却当成了冲刺。人生的意义在超越自己，题主却始终关注他者。

但和题主持同样观点的，想必不在少数。

不知不觉之间，"成功"已经是四海皆同的人生指标，而打小的教育则不断明示暗示：不够成功，只因不够努力。

可很多事情，个体再努力，能改变的也很少。拿题主的例子来说，出生地和教育政策，无力影响。阶级导致的收入和眼界差距，更是难以企及。如此勤勉，却终遭"完爆"，意难平也不难理解。很自然地，免不了要问一声：为什么如此不公平？

其实，作为一种先验真理的公平，始终不曾存在。而人告别幼稚的一大标志，就是放弃对此类公平的执念。

为了具象的目标而奋斗，譬如学历、职业、收入、地位，固然励志，却注定是漫漫长路。若是加上沿途的左顾右盼，要在较量中寻找优越感，就愈加荆棘密布。茫茫人海，有一席之地已如此艰辛，硬要一片出头天，更是难上加难。

相应地，为自己的努力却悠然很多。明白欲望、贪图，也知晓瓶颈、短板，规划方向、设定目标，便更切己、更从容。假使每个节点都少不了横向比照，缺乏时间线上的规制与绸缪，必然因急躁而焦虑。

对这位提问的童鞋，调整心态的起点，是放宽考察的时段，将自身努力从与旁人的对标中解脱出来。

积极点说，参差多态乃是幸福的本源，人生一世，最快乐的不就是既见容于社会，又忠于自己？而率性一点，听王朔的，什么成功，不就是挣点钱，被大家知道。

说到底，在各自的跑道上，真正的公平是，每个人每天都只有24小时。

与其为公平与否踌躇神伤，不如将目光投向未来。决定自己10年之后面貌的，并非客观的物化条件，而是此时此地的格局。

很多文艺的人爱援引穆旦的《冥想》，其中一句“这才知道我的全部努力，不过完成了普通的生活。”简直像为牢骚与愤懑度身定制。可这首诗有着更完整的版本：

把生命的突泉捧在我手里，
我只觉得它来得新鲜，
是浓烈的酒，清新的泡沫，
注入我的奔波、劳作、冒险。
仿佛前人从未经临的园地
就要展现在我的面前。
但如今，突然面对着坟墓，
我冷眼向过去稍稍回顾，
只见它曲折灌溉的悲喜
都消失在一片亘古的荒漠，

这才知道我的全部努力

不过完成了普通的生活。

未见生命的突泉，就为生活的“普通”而伤怀，分明还年轻，便抱持回望人生的暮态，未免折损了穆旦诗里的英雄与壮阔。而世上只有一种英雄主义，就是在认清生活真相之后，依然热爱生活。这是罗曼·罗兰说的。

公平当然值得追求。但对大多数人而言，在追求的过程中，对公平的感知往往会逐渐次要，直至浑然未觉。之于内心强大的修行，这或许是莫大的幸事。

没有什么比自强自立更让人有安全感了

[1]

前几天，我经历了一件事，越发觉得人性其实是个非常微妙的东西。

前两天有位小朋友结婚，小夫妻俩想得非常周到，除了远方来的客人安排住在酒店。还租了很多小车接送本市的客人，为了让大家不用担心酒驾问题。为了尽量不让小夫妻破费，我们都建议一车坐满。

于是，车上就聚集了一些原先不认识的新人亲友，倒也不错。

当时快到下班时间，路上交通很堵，在等红灯时，一位四十来岁的女士看着外面，感慨地说："你们看看那些挤公交车的女孩们，太辛苦了，难怪现在这么多年轻女孩当小三，做二奶。"

这话我非常不赞同，就说："能够有尊严地活着，辛苦一些也值得，何况她们还年轻，通过自己的努力，一定会过上好生活的，我倒是很欣赏这些姑娘。"

她大概没料到我会这样说，以非常不屑的语气说："自己努力？对很多学历普通，家境普通的女孩而言，就算再努力也买不起名牌包包，开不起车子上下班。"

我很奇怪地问她："你希望贫穷的女孩们都去做小三，当二奶来满足自己的物质需求吗？"

她撇了撇嘴，不说话。

后来到了酒店，一位相熟的朋友才偷偷告诉我，车上那位女士的老公出轨了，对方是个家境普通的女孩，所以她才会特别看不起那些贫穷的女孩，时不时地就会对这些女孩讽刺挖苦一番，而她自己没有工作也没有收入，如果离婚无法维持现有的生活水平，所以她总是想用物质生活向别人证明她过得很好，心里有些扭曲。

我同情她的遭遇，但也不屑她的行为，因为自己不幸就要去践踏那些无辜的女孩吗？

[2]

但在酒席中的一幕才真正教我作呕。

当时我们桌有位姑娘还没结婚，好像跟她认识。她上来就问对方什么时候结婚，那位姑娘说没有遇到合适的。

她以一种非常优越的姿态奉劝那位姑娘："女人要求不要太高，年纪越大越不好找，好像你过完年就三十了吧，别再拖了。"

那位姑娘修养很好，虽然眉眼间也能看出一丝不耐，但还是笑得非常和气："看缘分吧！要是实在没有，一个人过也挺好的，一人吃饱，全家不饿，也省得还要处理那么多关系了。"

对于姑娘的自嘲，我们都报以善意的微笑。

她翻了个白眼说："说什么傻话，女人怎么可以不结婚？好赖总要找一个。"

大概是话不投机，那姑娘低头玩手机了。

然后，这位女士就开始给我们讲故事。

她说她有一个小姐妹，嫁给了一个普通工人，每个月拿着三五千块钱，还养着一个孩子，日子过得紧巴巴的，从来不在商场买衣服，一件衣服可以穿好几年，用的手机也就几百块，估计连碰都没碰过Iphone，想想她的一生就觉得可惜。

她用表情告诉我们：我实在太为她可惜了，找个这么穷的男人，把自己一辈子都毁了。

旁边有人说："但她老公对她很好，虽然两人赚得不多，可过得很幸福，上次我还在朋友圈看见他们一家三口骑着自行车去郊游呢！看得出来他们很开心。"

她冷笑一声：骑着自行车能开心到哪里去？不过是假装高兴而已。男人不会赚钱，怎么对老婆好？

我看着她因不幸而尖锐的表情，深深叹息。

[3]

这世上，有一种女人，被男人伤害或无力改变生活时，便成为浑身带刺的人，她们看不惯别人过得比自己好，她们意淫着别人的不幸，然后到处寻找比自己弱小的女人，觉得在她们面前，自己依然是高贵优越的，殊不知，这只是自己的假想而已。

她们必须找到别人不如自己的地方，以求得心理平衡。

曾经有位姑娘跟我诉苦，办公室里有位中年大姐特别关心她的终身大事，总是催她赶紧结婚，眼界不要太高。她真郁闷，自己才25岁，有那么着急吗？但她只要不听，那大姐就会语重心长教育她一番，以表情告诉她：别不知好歹了。

我问姑娘，这位大姐自己的婚姻和生活都不怎么样吧？

姑娘很惊讶地问你怎么知道的啊？

其实一点也不难猜，放眼热衷于干涉他人生活的人，有哪一个是真正幸福的？真正幸福的女人，根本没空去干涉别人的生活，她有自己的追求和兴趣，也有自己的生活需要打理。她所拥有的幸福也让她明白：每个人对幸福的定义都不一样，好的伴侣是可遇不可求的。她懂得尊重和界限，心态平和，心怀慈悲，给别人干净的空气和自由的呼吸。

我们身边总会有这样的女人：自己婚姻不幸，老公对她冷漠至极，家里没有一丝温情，但她却会去嘲笑那些大龄单身的姑娘，在她们的世界里：我婚姻是不幸福啊，可是比起那些没人要的女人，我起码有男人要啊！这一点让她有了莫名其妙的优越感，以至于去歧视攻击那些没有结婚的姑娘。

她们绝对不愿接受也不愿相信，那些姑娘根本不是嫁不出去，而是不想要一份将就的婚姻，她们早就是自己和生活的主人，按自己喜欢的方式在生活。

[4]

我们身边也会有这样的女人：虽然她嫁了有钱的丈夫，但丈夫对她不闻不问，在外面拈花惹草，留给她一个空荡荡的房子，独自面对寂寞与寒冷。

但她会去嘲笑那些生活不是很富裕的姑娘，在她们的世界里：虽然我没了老公的爱，但是我有优越的物质，有花不完的钱，比起那些嫁给穷人的女人，一辈子操劳辛苦，强太多了。这一点，让她觉得自己比那些生活普通的女人高贵。

她们绝对不愿意看到，那些生活普通的女人，虽然没有名车豪宅，可是丈夫尊重她，爱护她，这才是她愿意和对方守着普通日子的真正原因。

我们身边还有这一类女人：她们放弃了爱情，放弃了自我，一心只是为了嫁给有钱人，然后却嘲笑那些努力打拼的姑娘太傻，以无比优越的口吻去评价那些姑娘打拼的姿势，笑她们不懂得走捷径，脑子里缺根筋。

却不知道在这些姑娘心里，没有什么比一个女人自尊、自强、自立更重要的事了。

她们花每一分钱都理直气壮，做每个决定都问心无愧，她们用自己的双手和汗水一点一滴去够自己想要的生活，在岁月与阅历的馈赠下，变得优雅睿智。若干年后，她们才是活得最漂亮的女人。

亲爱的姑娘，不必怀疑努力是否值得，不必羡慕别人早早拥有你想要的东西。我很欣赏刘嘉玲的一段话：这是一个女性通过努力便能自立的时代，我们应该感谢这个时代给予女人的自由。女人应该在这样的时代中，更加知道自己要什么，生活是什么，未来做什么。

其实，你努力得还远远不够

任何美好的事情都要付出极大的忍耐，把想要的放弃咬碎在牙缝，把忠于坚持碾进骨髓，时光会给你想要的答案。

认识W姑娘几年，因为工作关系一年会见上几次面，尽管她不是漂亮能干的类型，但踌躇满志的样子还算正能量。时间长了我发现她的远大目标基本就停在嘴上，朋友圈里全是励志格言，深更半夜也刷各种职场成功学。别管C姑娘没有成功也没有钱，见面说的可全是新梦想和大格局，如此下去当然也会有情绪受挫的时候，也号称患上了“成功焦虑症”。她的朋友圈会跟着阴云密布，一会满血复活一会沮丧焦虑，看着都累。

W姑娘这几年没升过职也没跳过槽，嘴上努力手上却不勤快，脸上的正能量的笑容也被负能量的矫情取代，身材越来越胖也不减肥，时间都用去构想未来，现在却一直没什么钱。很多女人都在说“拼”，结果看脸看身材就知道没多少才华可拼，五官不好看原本也没那么可怕，可怕的是有些姑娘明明知道自己不漂亮也没多少才华，还坚持着懒下去和胖下去。

另一位J姑娘倒是不缺钱，丈夫有家族企业，她结婚后就不再工作，结婚五年生了两个孩子。但她同样对自己另一半诸多不满，也因为婆媳关系见面就嚷嚷离婚的事，连孕期都没闲着生气，孩子生下后更是闹腾不断。其实女人真没那么多的“产后抑郁症”，全是自己各种心理不平衡在作祟。如今两个孩子都上幼儿园了，偶尔见面还是听一堆一点也不新鲜的抱怨。J姑娘容颜已显老态，身体已经发福，她说：“男人死不改悔不能指望，我今后的事业就是我的儿子了。”

但她最终也是一场失去，如果孩子成了女人的事业，已经失去自我的妈妈也许根本带不出有出息的儿子。这是很多已婚女人的样子，不论有钱还是没钱，都是矫情、抱怨、发胖、偏执、颓废，一点都不美的样子。

很多人在大都市奋斗，怀抱梦想而来却陷于庸常之中，你在职场劳心劳力，有工作却没有生活，有期待却没有爱情。你与疾病、坏感情、高房价狭路相逢，你时常找不到自己，想过的生活也一直遥遥无期。即便在逃离大城市的压力后，你还是会迷失于小城市的平庸与固化里，因为你对城市做出选择的背面，是城市对你的选择，而不论大城市还是小城市，都拒绝那些心灵和情感总是处于无根状态的人。

有时候最闹心的烦躁是你根本不知道自己在烦些什么，就负能量爆棚了，所谓正能量也多是些鸡精汤，毫无价值谈不上营养。有多少人都在这样生活，在喊口号般的努力里变丑变老，手边却做不好应该做好的本职，担不起必须肩负的责任，爱不起值得珍惜的人。在“平平淡淡才是真”里变得颓败，在“为孩子拼起跑线”里变得虚荣。

当我们缺失了自律的支撑，更多的人都会变得身不由己起来，过度保护自己，敏感计较别人，胆怯逃避责任，虚伪处世为人，而这些行为又很容易成为习惯恶性循环。

人的一生总是在不停地变化着社会角色，心态不做适当调整，总是在自负里欺骗自己伤害别人，或在抱怨里虚度光阴，那命运不对你残酷才怪。没钱的时候，放纵贪婪和懒惰，有钱的时候，放纵虚荣和矫情。

对于女人来说，所谓见过世面，不是出几趟远门就看到了世界，或是到大城市苟且就是远方，而是在你一次次去努力去付出之后，终于知道了什么才是真正的好，并且会为此继续自律和坚持下去，让现在的你变得更好，这才是一个见过世面的女人的基本姿态。

成功面前，没有什么机会、时运、才华和伯乐之别，只有努力的和不努力的。

在这个闹得分不出真假，吵得看不清方向的时代里，女人和男人都将承担更多的压力和责任。

干净的初衷和自律的修养已经不多，甚至连那些有腹肌有马甲线的美好身材也成了凤毛麟角，如果你还有，就请守护好别弄丢，明天我们还要赶更远的路……

所谓的岁月静好 哪有那么容易

[1]

初中同学杜杜的母亲肝不好，这两年愈发严重，她和弟弟日子都不宽裕，前段时间勉强凑够五万带母亲去了北京，本想住院好好检查治疗，结果等了一个多月都没住上院。

娘仨住着简陋的民房，每天吃路边摊，但日消费至少也要二三百。最后母亲挨不住，说什么也不等了，非要回家。

无奈，一家人只好开了些药，打道回府。

艰苦焦虑地熬了一个多月，花钱不少，母亲的病却没确诊，更没得到必要的治疗。杜杜特别懊丧。

其实除了母亲住院，她生活里还有一堆难事儿——单位要倒闭，可能过不了多久就要失业；女儿跟班主任闹别扭，想调班学校不同意；老公的单位拖欠工资，要了多少次都不给……

杜杜跟我说起这些，千言万语汇成一声沉重的叹息：人没本事，干啥都难啊。

我看着她眉间的苦涩，心里很不是滋味。

上学时，杜杜是我们班的活宝，她在哪里笑声就在哪里，连隔壁班的女生都喜欢她。

后来我们一起上了高中，她成绩一般，没考上大学，高中毕业后就到我们县城的酒厂上了班，很快结婚生娃。

我去过她家。房子不大，但打理得井井有条。窗帘、沙发罩都是她自己做的，规整又漂亮。窗台上一大排花，旺盛浓密地开着，温馨又养眼。她老公也体贴，什么都让着她，俩人天天晚饭后都去附近的公园遛弯。

我当时特别羡慕她的岁月静好，真心觉得这么过一辈子也不错。

可是日子不由人。生活终究还是慢慢露出了狰狞，慢慢在那个总是眉开眼笑的姑娘脸上，刻上了化不开的愁苦。

[2]

曾有篇很火的文章，叫《坐在路边鼓掌的人》。大意是，当英雄路过的时候，总要有人坐在路边鼓掌，所以，如果你愿意做一个善良的普通人，健康、快乐地过着自己想要的生活，也是很好的人生。

我九岁的儿子看过那篇文，当时没说什么。但前几天老师留了一份作业，申明“可写可不写”。

我督促儿子写，遭拒。

我照例用“更努力，才能更有出息”“吃得苦中苦，方有甜上甜”这样庸俗的道理规劝他。结果他忽然说：妈妈，人不一定多厉害，我也想成为一个坐在路边鼓掌的人。

我一时无言以对。

凭良心说，我知道这世上大部分人，都只能做个平凡人，所以我们不能逼着孩子必须成为英雄。如果他能做一个快乐的平凡人，那当然未尝不可。

但是，孩子，你真的知道一辈子“坐在路边鼓掌”意味着什么吗？

[3]

首先，人的本性，素来以强大、耀眼、在竞争者取胜为乐，真正能从“永远为别人鼓掌”中获得乐趣的人，应该并不多。

如果你一生庸庸碌碌一事无成，眼看着别人被簇拥，被尊重，被追捧，享尽荣耀，难保不会渐渐失去存在感，继而否定自己的价值，甚至心理失衡产生怨愤。

这世界多么现实啊。

一桌人吃饭，谁最有钱，大家的眼睛就盯着谁，挖空心思跟人家套近乎。

一屋人闲聊，谁最出色，谁就是话题的中心，聚光灯永远打在他身上，轮不到你。

这个时候，你心里会不会产生不适？会不会发现自己当年为了逃避辛苦而说出的“甘于平凡”有多幼稚？会不会想到“如果我当年长点心，现在也不至如此”？

可是到那一刻，再遗憾再后悔，也无法弥补你当年的幼稚和懒散。

所以亲爱的，千万别低估人的本性，更别高估自己的境界，在你决定要此生要做一个“在路边鼓掌的人”时，一定要问问自己，过得了心里这一关吗？

绝大部分人，其实是过不了的。

[4]

更重要的是，英雄得到的不只是荣誉，还有利益和资源。

一个人有了成就，不管是做了高官富商还是业界精英，他所得到的现实利益，一定会比常人多很多。

除了开豪车戴名表住大房子，还有很多很多隐性福利。

明星的孩子，总能上最好的小学。而农民工的孩子，想进最一般的学校都是千难万阻。

钟南山的笔记本电脑丢了，全国人民帮着找。换成一个普通医生呢？丢了也就丢了吧。

富商发达了，可以给老家祖坟修一条漂漂亮亮的公路。而普通人杜杜，连为重病的老妈在北京买一张病床都做不到。

杜杜曾经也是乐呵呵地坐在路边鼓掌的人啊，她甚至也发自内心地接受了自己的平凡，并在平凡的生活中找到了快乐。

但是，生活总会在某一刻伸出魔爪，打破你的岁月静好，让你心焦气躁，让你手足无措，让你低下头感叹：人没本事，干啥都难。

这个世界，底层人民从来都是最辛苦和艰难的。不管什么时代，无论哪个国家。

这个世界，很少对弱者真正友善，你的资源可能轻易被抢夺，你的利益可能无端被窃取。无论什么时代，无论哪个国家。

“坐在路边鼓掌”，有时候也许能得到尊重和体贴，但更多时候，当英雄路过，灰尘扑在你脸上，马蹄踏在你身上，一切理所当然。

还有，最后英雄拿走了最大最好的肉，而你连汤都喝不饱。

这个时候，你还能做到开心地在路边鼓掌吗？

[5]

一个一事无成、只能坐在路边给别人鼓掌的人，是没有真正的岁月静好的。

工作单位出问题、家人生场重病、孩子要在城市买楼……生活随便伸出一根指头就能戳破你的肥皂泡，残酷的现实分分钟可能将你的美好和安宁打回原形。

所以，孩子，就算你真心愿意享受平凡中的美好，也依然需要非常努力，以使自己具备保护这份美好的能力。

你可以大部分时间都给别人鼓掌，但必须有那么一些时刻，在某一个舞台，你要做主角，去赢得别人的掌声。

这掌声不但给你荣耀，让你肯定自己的价值，更能给你现实的利益，给你选择权和话语权，给你跟世界讨价还价的资本。有了这些，你才能抵御生活中最基本的风险，才有“过自己想要的生活”的实力。

而要获得这掌声，就需要你在自己生命力最旺盛的时段野蛮生长，不犹疑，不懈怠，该努力努力，该玩命玩命，让自己有一技之长、一席之地。至少，你要把自己的潜力都逼出来，使自己的价值最大化。

这样，你才不会在面对一地狼藉的生活时束手无策，才不会在遭到命运重压重创时悔不当初。

那些乐观地说着平凡可贵的人，大部分都是因为还不知道生活的泪点在哪里。

所有借口“平凡可贵”的懈怠，都是对自己的人生不负责任。

在一无所有的年纪里，努力奋斗才是正道

我身边有个朋友，似乎她每天都过得很愉快而有力。前段时间，她失业又失恋，身体也出了小问题，但整个过程中，她不闹腾，不丧气，不糟蹋自己。眼泪流过后，健身、养花、烹饪……喜欢做的事情还是一样不落。问她会不会为未来的生活发愁，她答非所问地说：要问我最快乐的时刻，那就是今天，活在当下的今天。

很多时候，我们会有错觉，觉得当下的生活都不是自己最向往的。这种错觉一旦根深蒂固，非常可怕，它会令你捏造许许多多的借口去逃避当下的生活。它更会令你忘记最初想要过的生活，而随随便便地过眼前的每一天。

大学有个关系不错的舍友，宿舍属于她的那块永远都是凌乱不堪，书籍、垃圾、食物、衣服都乱七八糟地混在一起放着，甚至有一次在她书里翻出一只没洗的袜子。我们都称她那块是狗窝，也不止一次叫她整理一下。她总说，宿舍太小，只是睡觉的地方，要那么干净做什么。等以后租了房子，我会把它打理好的。

到现在出来工作，她“掷千金”租了个环境不错的小复式。我们强烈要求去参观“豪宅”，去到发现小复式跟以前的宿舍如出一辙地凌乱。大家看不下去，动手帮她收拾房子，可没过多久再去，发现又跟废墟一样。她也自觉尴尬，说习惯了，好难改。

什么叫习惯？这么来形容：你对当下生活抱着的态度，便是你对未来抱

着的态度。生活是遵循前因后果的，当下你抱着什么态度生活，相应地，未来你的生活就会变什么样。我们有权利选择当下怎么过，但谁都不可能在未来某个时间点上立即脱胎换骨变成理想中另外一个自己。

但我们身边也不乏那样的人，一段时间不见后，生活愈发润色。似乎时间也善待他们，在他们身上施展了魔法。道理其实不难懂：同样想做的事情、要过的生活，你有一千个放弃的借口，他们就有一千零一个坚持的理由。

有个朋友，一年前刚毕业出来工作，需要租房。工资不高的她没有像大多数毕业生选择低价的城中村先将就住着，因为喜欢种花草，她挑了一个阳光很好又有天台的房子，但离地铁站和公交车站都很远，租金也不低。

于她而言，买房和租房是一样的，哪怕只住一个月，也会认真挑选，尽心把房子布置成自己希望的样子，任何一天都不能随随便便地过。

因为租房，她的生活发生了很大的变化：交通不便，她每天都要早起，必须改掉赖床的习惯；每天早起，睡眠不足，必须改掉熬夜的习惯；租金将近她一半的工资，为了节流，必须自己做一日三餐才能养活自己；有了小天台，她开始种花养草，甚至还种起了菜，浪漫的日子惬意不已……

刚开始，她也很苦恼交通和资金问题，但毕竟方法总比问题多。一点一滴计划好，坚持做下来后，她惊讶于自己为了克服困难，不仅改掉了许多坏毛病，而且生活也越来越有滋有味。一年后的今天，她很感激当初自己的坚持。

万事开头难，你想做的事情、想过的生活，刚开始总是很困难。不都说从一千到一万不是最困难的，最困难的是从0到1吗？任何事情，一旦下定决心开始，你就会发现，其实并没有想象中艰难。

所以，从现在开始，别再为自己眼前的不争找借口，请推倒你的借口。

不要拖拉。想做的事情就动手去做。这个社会不需要思想上的巨人、行动上的矮子。

不要一直等时机。天时地利人和可遇不可求，只要你有足够的勇气，当下就是最好的时机。

不要怕失败。这个年纪本来就一无所有，失败了又能失去什么？

不要期盼时间带来惊喜。期盼惊喜只会让你在期盼中过得十有八九都不如愿。

更不要想着未来再努力。我们当前每一分每一秒所做的事情都会影响到未来。现在不努力，未来更加不会努力。

每个人心中都有一张理想的蓝图，重要的不是你的蓝图有多宏伟，而是能活在当下，一点一点地去把心中的蓝图在现实中构建出来。

你年纪轻轻，不笨不傻，别再为自己当下不努力生活找借口了。在一无所有的年纪里，努力奋斗才是正道，管它未来有没有诗和远方。久而久之你会发现，所谓诗和远方，不过就是把眼前的苟且都度过了才能拥有。

随遇而安
别下得过早

“我们大人，经历世事越多，有时反而不如小孩子心思澄净，做事有魄力。”

凡事都再强求一下吧，就那么刚刚好的，一小下。

某日，闺蜜邀我去参观新居。房子格局好，风水佳，闹中取静，最重要的是，还附赠一个小院，种几方花草，摆上阳伞秋千，咖啡一品，书卷一翻，绝对乱世桃花源。

我由衷欢喜，问她，先前也没听你说过，怎么就突然发现这么一处好房源呢?

闺蜜讲了一个挺有意思的故事。

她说，有天走在街上，有个发小广告的拦住她，“姐，看看我们房子。”按一贯方式，她不接广告不摆手，视若无睹地径直走过去。走了足有五分钟，这人竟一路尾随，毫无退意。最后她烦了，站定，呵斥，“有完没完，你看不明白我的意思吗？”那人说：“你没有明确拒绝，我就想再试一试。”闺蜜讲到这里，“有点感怀，就冲他最后一句，我接了。”

之后的故事顺理成章，广告中的房子正合心意，孩子日渐长大，需要空间，于是她买下这栋房。

从小到大，我接受的教育一直是——顺其自然，甚至于老子的“无为而治”。凡事尽人事听天命，不问结果，不要强求。且自欺欺人：结果不重要，过程才是。比如投稿，每每投完，唯一做的就是等待，即使有些话想跟编辑聊聊，有些结果想试图挽救，最终都放弃：人家很忙，不要烦人家了；如果稿子好，自然用，没用自然是不好的。

听了这个故事，我在想，如果凡事，我们再强求一下，结果会不会不同？

女儿不到两岁，生性活泼，特别喜欢叫人。每每带她外出，她的小嘴叭叭叭不停，阿姨、叔叔、爷爷、奶奶……凡是过路人，她都要扯着嗓子叫。倘若人家没反应，她还会一直叫下去……直到，耳聋的爷爷回过头来，戴耳机的阿姨取下耳塞。恍然大悟后的人们，往往第一时间称赞她，你真乖，你好可爱。她就坐在婴儿车里甜甜地笑。那样子，目的达成心愿满足，别提多得意。

我时常在女儿大叫时，制止她，你这样会影响到别人，女孩子要矜持；你没看到人家根本不理你吗？她似懂非懂，却一意孤行。然而，她成功的概率远远大于我对人性的判断。

是的，有些人会厌烦，这孩子怎么那么厚脸皮，或者真缺少家教。但不这样想的人，也大有人在，比如因为耳背或者忙于其他，并没有留意到，而后，被那尖利的小嗓音锲而不舍地提醒，终于发现，原来，错过了这么一位热情似火的小姑娘。

换个角度想，再强求一下，除了给自己一个机会，也是给那些误会你、忽略你的人一个机会，当误会消除，关注转移，事情也许充满转机。

其实，强求不难，难在分寸。到什么时刻，你的意愿表达完毕，对方接收成功，进一步，则适得其反，退一步，则不尽如人意。拿捏在进退之间，要因时因地因事情原委因人生阅历而判断。女儿是小孩子，即使她一直叫下去，也没人说，这是个疯子。如果一个成年人呢？过分强求，旁人心生厌烦恶语相向的概率恐怕大大提升。

最简单的例子，就是谈恋爱。女生拒绝男生，可能因心里住着别人，可能觉时机不对，也可能她完全无意于你。前两种情形，如果认为值得，可以陪在她身边，等她回心转意，等她时过境迁，不时提醒她，还有人在这里，爱你；而最后一种，一旦表达明确，最好抽身离开，这样做，至少还能留下一个耐人寻味的背影。否则再叽歪下去，女生告你骚扰，或唯恐避之不及，也未可知。

我们大人，经历世事越多，有时反而不如小孩子心思澄净，做事有魄力。畏首畏尾，心有牵绊，还总冠冕堂皇地说，我是随遇而安。我们要承认，做大多事情，是要结果的，无论好坏，无论早迟，我们都想在内心的空白处填上一个坚定的答案。从此，安下心来。

凡事都再强求一下吧，就那么刚刚好的，一小下，足矣。

为你的幸福 储存多一些能量

我家旁边有一家外贸店，不大，十几平方米的空间摆满了各种好玩的东西。我经常会去逛逛。店主是一个年轻的女孩，M姑娘。这个店开了五年了。

两年前，她在门口放了一个小牌牌：本店营业时间中午11点到晚上7点，周二、周六全天休息。

刚开始跟朋友路过这家早早停止营业的小店，大家的反应是：老板真任性。

后来我在营业时间里去那家小店转了转，人不多，就跟M姑娘聊了聊。我指着那个精致的营业时间表说："你现在的营业时间有点短呢。"

M姑娘笑了笑："不算短，每天八小时。这样我可以有时间去生活，可以去看电影、逛街、也学点东西，也可以陪我男朋友。"

我说那你这样不就是放着钱不赚嘛。

她摇摇头："那也不能一直把帮我绑到店里。努力赚钱不就是为了赎身，可以对现实说'不'吗？"

后来跟M姑娘熟络了。也知道这家小店刚经营时的艰辛。

前三年，M姑娘每天在店里待的时间超过了十五个小时。早上不到八点就开张，寻思着赶上家长送小孩上学回来正好进店看看；晚上十点半才闭店，如果有顾客在，就一直开着。她出去进货也要家人来看店。这样持续了三年。终于可以不用全天开张，给自己一些休息时间，为自己"赎"了身。

前几天，又去那家小店，店里多了一个小美女雇员。门口的小牌牌居然还在，营业时间还是每天八小时，每周五天。

M姑娘没在店里，我问小美女：“你来帮忙了，店主还是不肯延长营业时间啊？”

小美女回答，我们老板说了，我们是一家小店，不用服务每一个顾客，服务一部分顾客就好了。

M姑娘的逻辑确实有道理，小店服务一部分顾客就好了。我也依然记得两年前她说的同样有道理的那句话，努力赚钱是为了赎身，可以对现实说“不”。

五年来，M姑娘的小店，从全天营业，到缩短营业时间，到有全职雇员帮忙，她一点一点给自己积累更多的自由和对现实说“不”的权利，她也珍惜了自己这权利，实现了更多时间自由。

经常听到周围的人提到太多的不得已，不得不加班，不得不晚睡，不得不做自己不喜欢的工作，不得不对着讨厌的人眉开眼笑，不得不跟男朋友异地相望……在太多无奈面前，我们似乎还没有足够的底气说‘不’，于是倍感生活的不易与煎熬。

似乎生活的常态，就是一个不得已接着一个不得已。被不得已充斥的生活，幸福自然无从谈起。

人生需要储备，说“不”的权利，也需要积累，或自己积累，或他人代为积累。

M姑娘无疑是智慧的，在没能对现实说‘不’的时候，默默地努力着为自己积累说‘不’的权利，终于不再需要迎合每一位顾客，每天在店里的时间也从十五个小时，压缩到了八小时，以后会更短。她珍惜这说“不”的权利，为自己“赎”了身，实现了更多时间自由。这个过程，是五年的努力。

谢霆锋在Lucas一岁生日时说："I fight so you donot have to."

龙应台在写给儿子安德烈的一段话里也说得清楚："孩子，我要求你读书用功，不是因为我要你跟别人比成绩，而是因为，我希望你将来会拥有选择的权利，选择有意义、有时间的工作，而不是被迫谋生。"

这两个爸爸的期望，是孩子在他们的未来，能积累更多选择的权利，尽可能地减少"不得不"和"被迫"，这样才能过得更幸福。

这也是蔡康永在奇葩说中谈到的一个消极的幸福标准。

他说，我对于幸福一个重要的标准，就是可不可以常常保持对不喜欢的事情说"不要"，说"不"是一件非常幸福的事情。因为你不用强迫自己掉入一个泥沼中无法脱身，让你失去了说"不"的权利，你会失去幸福感是你对很多事情都没办法说不了。在人生做重大决定的时候，永远都要想一想这个重大决定有没有剥削我们说"不"的权利。累积越多说"不"的权利，我们就越容易开心。

我喜欢这个消极的幸福标准，对不喜欢的事情说不要，真的是一件非常幸福的事。

只可惜，现在的我们，还没有积累到足够说"不"的权利，还有那么多的不得已，这并不可怕。可怕的是在不得已当中，一年又一年重复度过之后，这种权利的储备，依然是空白。

总之，在没有说"不"的底气之前，抱怨和逃避都是没有用的。唯有默默努力，趁年轻，给自己积累更多说"不"的权利，也为幸福做储备。

在疲惫的时候，在想放弃的时候，可以鼓励自己，今天的每一分努力，也许就可以为明天减少一些不得已，不想做的事情可以不做，不想见的人可以不见。进而对外来的一切，觉得好就接受，觉得不好就拒绝，而不是一直深陷在"被迫谋生"的泥潭中。

谁的人生还没有过一些挑战呢

花姐是我最佩服的同事，没有之一。

花姐爱笑，经常“未见其人先闻其声”，整个办公区都听得到；花姐能干，销售业绩让人难以望其项背；花姐亲和，同事和客户都爱和她在一起。

三十三岁才出嫁的花姐，在小城里算是老姑娘了。她曾说，她对她的另一半有三大要求：第一，外地人免谈；第二，姐弟恋不谈；第三，独生子不要。结果，她的先生是家中独苗，比她小两岁，祖籍浙江，但已在潮汕小城生活多年，会说一口不咸不淡的潮汕话。

生活，如此喜欢和我们开玩笑。花姐说，真是怕什么来什么。

结婚后不久，花姐的先生接到通知，需借调到省局工作。于是，新婚宴尔的他们成了周末夫妻。有时她先生工作太忙，周末没法回来，花姐便跟我们一群单身青年混在一块儿，聚餐、唱K、逛街样样不落，她常自嘲“已婚妇女享受未婚待遇”。只有我才知道，花姐某次提起，借调对她先生而言是个难得的机会，他为人上进，如果在省局能得到认可，留在那里亦有可能。我问她：“如果姐夫在广州定居，你怎么办？”花姐耸耸肩：“夫唱妇随咯。”说罢，悄悄地红了眼。

怀孕后，花姐在公司里获赠新外号：“女金刚”。先生不在身边，公公婆婆的身体频出状况，她经常挺着大肚子往返于公司和医院；由于高龄和胎位不正，她听从医生建议，选择了剖腹产。临产前一天，她还在公司处理事务，耐心教导交接工作的同事；坐月子的时候，为了给核心客户送合同，她冒着雷雨天一个人驱车数十公里……所有人都明白她的不容易，却从未听她抱怨过一句。无论何时何地，她都有招牌式的笑容和笑声。

直到后来我也当了妈妈，感慨地对花姐说："你一直一个人带宝宝，太辛苦了。"她摆摆手："习惯了就好。你也知道，我们的工作强度多高，晚上回家累个半死，只想倒头呼呼睡。我就怕睡得太沉，不知道宝宝半夜踢被子，大冬天也只盖薄薄的被子，让自己保持在半梦半醒的状态，哈哈。"沉吟了一下，她又说："宝宝健健康康还好，一遇上感冒发烧，我更恨不得自己有三头六臂，有时候觉得自己跟单亲妈妈没什么两样。"

我握住她的手，深吸一口气："花姐，公司里人人都说，难得你如此操劳，还能保持良好心态。"

她摇摇头，一直笑，笑到眼底泛着泪光："我嫁给我先生，人人都说是我高攀，是矮穷矬搭上了高富帅。但是，如今我是先生家族里公认的好儿媳，他不善人情世故，是我牵起他与家族的联系，迎来送往打点周全；他常常不在这里，公公婆婆全由我一个人照顾，连护士都以为我是女儿，他是女婿；娘家还有正在读大学的弟妹，我要精打细算过日子，匀一些钱寄给爸妈，减轻他们的压力……人生走到三十多岁的关口，不容易，真真不容易。但是，沁沁，你仔细想一想，谁的人生不是负重的飞翔？"

我怔住了。

如果人的一生都在飞翔，自出生之后，我们肩上的责任便越来越重。孩童时期无忧无虑，长大以后，学业、事业、家庭，每个人都逃不掉。有时候飞得很累，但是无法休息，只能咬紧牙关往前冲。像花姐说的，既然已经选择了风雨兼程地往前飞，何不带上笑容呢？起码自己还感觉开心点儿，总好过在人生的航线上苦哈哈地飞，愁眉苦脸过一生，多没意思。再说了，你整日哭着一张脸给谁看呢?

后来，花姐果真夫唱妇随，辞职去了广州，在小城里积累多年的客户资源，就这么被她潇洒地挥去，从零开始。但是，她在新的销售岗位上又闯出了一片天，还和先生在花城买了一套不错的房子，准备到时把公公婆婆接过去一起住。跟她煲电话粥时，我说她如今风生水起，如鱼得水，她哈哈大笑，并不否认。她是如此通透豁达的女子，从容应对人生的重重挑战，人生航线越走越觉得开阔。聪慧如她，理应得到生活如此圆满的厚爱。

适合拼的年龄，就别过早选择了安逸

昨晚跟一个长我十岁的学姐聊天，说到我的近况，感觉到前途漫漫，不知如何走下去。工作不是那么顺畅，最主要的是这种生活诚然并非是我想过的，日复一日，波澜不惊，并没有绚烂的景色，亦没有未知的惊喜，就连最基本的生活保障都显得些许苍白。

学姐笑笑，视频里她眉眼间都是温柔。虽然是30好几的人了，看起来依旧明媚阳光，仿佛就跟我一个年龄段一般。我们关系十分之好，我开玩笑说，这辈子就缺了一个姐姐，她就说，那我来做你姐吧。然后两个人笑得灿烂张扬。

学姐说，说到底啊，还是你们这帮小年轻玻璃心，经不住事儿。你们那么年轻，还有大把的时间去打拼，用不着天天怨天尤人抱怨人世不公的。其实谁都跟谁一样，做多做少，真的在未来就有那么一杆秤来给我们做一个评判。只是时间未到，你还看不到而已。

学姐17岁高二的时候辍学，因为那年父亲出车祸身亡，肇事司机逃逸，家中还欠着10万巨款。母亲整日以泪洗面，整个人瞬间就衰老下去。虽然10万对于现在来说并非是个多大的数字，但是对于将近20年前，那对于一般家庭来说确实是个天文数字。

没有办法，学姐唯有退学打工，去偿还家里欠下的巨款。但是无论那时候的她多努力，对于这个家来说，都是九牛一毛。三年后，母亲郁郁而终。为了母亲后事，几乎花光了她身上所有的积蓄，甚至出门打工，连车费都是向姑姑借的。

整整七年，她都没有回过家一趟，因为要省下那些车费用以度过那些艰难的日子。七年里，她在餐厅洗过盘子，每到冬天的时候，双手长满冻疮，但是为了生存，还是咬牙坚持着；后面去了东莞，在玩具厂打工，拿着600块钱一个月的工资；甚至为了赚钱快一点，长相本身不差的学姐甚至去夜总会当了半年的陪酒小姐。她一天往往打几份工，直到精疲力竭倒头就睡，每天只睡五六个小时就起。晚上有空的时候就出去摆摊，那时候没有城管，但是有很多黑势力，有好几次因为学姐不肯交保护费，摊位被掀掉自己被打得头破血流。

四处奔波那么多年，省吃俭用舍不得乱花一分钱，到2006年的时候，学姐终于还清了之前父母欠下的债务，并有了几千块钱的积蓄。那年冬天，她自出家门第一次回到久违的家乡，抱着年迈的奶奶痛哭一场。

她想，这么多年了，为了家里的债务而把最为美好的光阴放在了那些原本自己就最为不喜欢做的事情上。而现在终于可以摆脱这样的生活了，未来的日子终于可以为自己活了，为自己的梦想活了。

过完年后，她揣着3000块钱只身去了上海。找了一家服装设计公司从最基层做起，并找了一家夜校专门学服装设计。因为那才是她真正的梦想。为了生活，为了家里留给她的责任，她已经把它搁置了太多年了。

虽然没有了债务的压力，学姐依旧过得十分窘迫，每个月依旧拿着一千上下的工资。住在离公司一个半小时车程的郊区的小平房里，每天要走20分钟的路才能挤上公交，然后转一趟车才能到公司。晚上上完课到家一般都是11点之后，还要偶尔看看书，找些设计作品研究一番，自己也零零散散的写些文字，我也是后面因为写文章才得以认识她的。

她说，不管日子多难，她始终都没流过一滴眼泪。因为眼泪并不能解决什么，只是自己软弱的象征。

三年后，学姐升职，成为整个公司升得最快的那一个，当上了设计总监特助，年薪十五万。2011年，学姐31岁，刚好总监跳槽去了大公司，学姐顺理成章当上了设计总监，年薪六十万。2013年，学姐辞职，开始和别人合伙创办自己的服装品牌，成为新公司执行总裁。也是这一年，学姐出了人生中第一本书。2014年，学姐公司下半年销售额突破两千万。

学姐说，这么多年里，她十分感谢还债的那段艰苦的日子，那段受尽白眼，受尽欺凌的日子。因为艰难才有了改变的动力，因为贫困才有了奋斗的目标。她说，我写东西的时候很多人都说我世俗，说我势利，眼里看到的只有钱。我是爱钱，但是我不势利，我只是觉得，在人的这一生当中，钱这个东西，拿到手上，只要是干净的，它就不低俗，至少它是你努力的见证，反而在某一方面见证着你人生另一面的成功。

她说，其实你们都是因为生活太好过了，才会觉得一点小挫折就仿佛遇到了洪荒野兽。现在的小孩不管农村还是城市，从小都是从掌心里捧出来的。总是选择更为舒适的姿态去过好这段原本应该拼搏的日子，稍微遇到一点不顺心的事就悲天悯人，然后还往往看不惯这个社会上的种种现象，自命不凡。其实说到底，就只是，心比天高，命比纸薄。

她说，当你们大学生自以为七点钟起了个早的时候，那个年纪的我，已经在街上卖了一个小时的早餐了；当你们毕业后坐在办公室吹着空调逛着淘宝还嫌日子无聊的时候，我在夏日炎炎的工厂里汗流浃背连内衣都湿透了地做着流水线；当你们觉得父母这么小气才打这么点钱的时候，我已经每个月还要给别人打几千块钱还账了；你们嫌食堂的饭菜不好吃的时候，我在夜总会被别人灌酒灌得胃里翻江倒海还要赔着笑；你们花前月下你侬我侬的时候，我在摆着地摊跟人讨价还价……

所以青春本来就是一个人最好的时段，也是这个时段才把人与人距离拉得好远。你安逸舒服了，从此之后如果没中彩票的话就可能不温不火地过一世了；你奋力挣扎努力拼搏了，也许可能还是达不到身世地位显赫，至少是风风火火热热烈烈地过了一个青春时段，但是万一就成功了呢?

所以，抛开那些没必要的纠缠跟迷茫。青春本身就充满朝气，本身就是最适合去拼一把的年纪。时间眨一下眼就过去了，没有多少时间可以等着你克服自己的玻璃心。人家能做到的，为什么放在你这里就变得格外艰难了呢？20几岁还不算老，别把自己的青春葬送在自己的满嘴借口中和奢求安逸舒适的环境中。就算再努力十年，你也只有区区三十几岁，而这十年，兢兢业业，每天进步一小点，也足够你的人生有一场质的飞跃。

别让舒适安逸成为你青春的坟墓。

接受现状，但不要屈于现状

[1]

有朋友问我，到底要经历多少，才不用奔波？

曾经，我也有过这样的困惑。做第一份工作时，并不顺利，一段时间内很想辞职回家歇着，什么都不干。

我想不通，为什么人们要这样马不停蹄地向前走呢？上完小学上初中，上完初中上高中，高中上完上大学，大学还没毕业就开始找工作，一个阶段接着一个阶段向前走，中间连喘口气的机会都没有。

为什么要这样着急奔波呢？为什么不能停下来歇一歇呢？

我把这份困扰说给一位老同事听，他笑着说，你可以歇一歇啊，你现在就可以辞职回家，叫你爸妈继续养你。

我脸一热，我都毕业了，怎么可能再让爸妈养我？

所以，最终，我没有辞职，反而更加努力工作，因为我给自己定了一个目标，等攒够一万元钱的时候，我再辞职，好好歇一歇。

可是，等我攒够一万元的时候，正是工作增值期，脱尽学生思维和习惯，全面适应融入职场，正是提升工作能力和职业化专业度的大好时机，领导着重培养，自己干得有劲，怎么可能辞职去歇一歇？

过了几年，工作遭遇瓶颈期，当初的激情也有所减退，又逢家里出了一场大事故，顿时觉得人生灰暗，钱不够用，疲惫不堪，整个人精神萎靡不振。

说句实话，真有点泄气，这么多年，拼命努力所得，一遭就赴水东流，我的奔波坚持到底有什么盼头？

可是，即使是这样，就能放弃吗？就要歇一歇吗？显然不能，越是这时候，越是要咬紧牙关努力工作拼命赚钱。

那时候我想，等一切厄运过去，我一定要好好歇一歇。

去年四月份，我把工作辞了，准备和弟弟一起换一座城市，恰好弟弟到六月才能与我同行，于是，有两个月时间，我可以趁机歇一歇，多年的愿望终于实现了。

原以为，会很放松很开心，哪知道，事实根本不是这样的。

才过了一个星期，我就急了，闲得发慌，心里压力很大，别人都在努力工作，那些同龄朋友就不说了，连隔壁六旬奶奶每天都还在上山下地的奔波劳碌，爸妈还在为这个家多买一件家具坚持打工，而我却在家歇着，什么都不做，这么年轻，这么好的时光，却用来虚度。

再则，这一段职业空窗期写在简历上，面试时如何跟HR解释？

我还有那么多人生目标没有完成，结婚买房养孩子养家，哪一样都需要钱去实现，不工作赚钱怎么行？

那两个月异常煎熬，即便七八月是最热的时候，我爸劝我再歇两月到十月再找，我毫不犹豫地拒绝了，马不停蹄地重新找了新工作。

在陌生的城市，新加入公司，我也有若干次疲惫不堪想放弃的时候，也在犹疑，到底要努力到什么时候，经历过多少坎坷，才能不用这么劳碌奔波，心安理得的没有任何心理包袱的歇一歇、享受生活。

可是答案并不尽如人意，我们并不仅仅只为自己而活，或许，这一辈子，一生都要奔波，从小学到大学，工作，结婚，生孩子，养孩子，赡养父母，经营家庭……钱永远不够花，工作永远丢不开。

即便有一天我成了富人，可我还是要奔波，当完成了生存物质基础的累积，我依然放不下对自身价值的追求，我活着不仅仅是活着，还想活得有意义，有梦想，有诗和远方。

不仅仅是我们这些平凡人，即便是那些富人名人，他们的一生也都在马不停蹄的奔波之中啊，永远都在为了更好更充实而奔波啊，不管是自愿还是被逼无奈。

所以大家都一样，不要讲时代发展，现在社会压力太大所致，回望历史，哪个时代的人们不是如此呢?

有些老年人逛逛公园锻炼锻炼身体，跳跳广场舞带带孙子，看起来终于不用再奔波了，可是他们年轻的时候必定是奔波过的啊，因为你没看见还有一些老年人，直到生命最后一刻，还在为生计生活奔波吗？或许是因为年轻时奔波得不够，或许是人生无常，可是说到底，人生就是一场奔波的过程。

有人为了改变命运，有人为了提高生活水平，有人为了梦想，有人为了荣誉，有人为了使命，有人为了国家发展、科技发达、人民安全……他们都在奔波，甚至于那些比我们优秀很多的人都还在努力，你为什么想不奔波呢?

[2]

可是为什么，有些人会乐于奔波，享受奔波，而有些人会疲于奔波，不愿奔波呢?

当你的奔波能够给你带来切切实实的回报，你的生活水平、个人价值有了显著的提高，达到你心中的期望，使你的人生处于上升期时，你并不会觉得奔波是痛苦的，反而会越干越有劲。

当你在乐于奔波时，你也不会刻意追求享受生活，因为此时对你来说，奔波的过程，追逐目标的过程，就是享受生活的过程。

而当你的奔波暂时还不能给你带来明显的变化提升，长时间内你的目标迟迟没有实现的苗头，美好的希望总是无法变现时，你会觉得奔波无用，而产生疲惫感。

或者命运缕缕不顺，当你好不容易尝到奔波带来的甜头，因不可抗因素，将你所有的努力所得瞬间化为乌有时，你会觉得奔波辛苦没有意义，它抵抗不了天灾人祸，再怎么奔波也没有盼头，从而失去了斗志。

而一旦因此放弃了奔波，那你就会陷入生活的黑洞，永远活在底层为最基本的生存发愁，甚至一辈子翻不了身。

所以，有些人越干越有劲，越努力越幸运，有些人越干越泄气，越颓丧越糟糕，或许，这也是为什么有些人越来越富有，有些人越来越贫穷的原因之一。

[3]

1. 首先要认识到，这是一个从量变到质变的过程，这是一个资本累积的过程，之所以你的付出还没有回报，你的奔波还没有带来实质性的改善，可能是因为你的努力还不够，你还没有找到合适你的方法，你还没有做到极致。

也或许是你奔错了方向，所以一直还在路上慌不择道，甚至背道而驰，这时候要到达终点，恐怕真的需要更多的时间和机遇，更多的付出和忍耐。

2. 面对人生无常，努力化作流水时，希望你不要沉浸在抱怨命运的不公当中。命运本就是不公平的，老天爷从来不会给予众人平等的眷顾，有一些人天生含着金钥匙出生，一路畅通无阻；而有些人注定就是比别人坎坷一些，遭遇的磨难更多一些，我不是在宣扬唯心主义、悲观论，因为有些人的命运多舛无法解释清楚。

这时候，希望你勇敢坚强，坦然接受这样的人生，但并不屈从这样的命运，它越是这般待你，你越是要抗争给它看看。

我们应该感激，这世界，起码还可以通过我们的努力奔波，在一定程度上得到我们想要的一切，假若有一天无论怎么奔波都无法合理分配到资源，那才叫可怕！

3. 不要把奔波当成是一种负面的情绪和作为，你有生计压力吗？你的人生目标都完成了吗？你有梦想和追求吗？

为了这些，为了生活得更好，我们奔波是应该的啊，是值得鼓励和赞赏的啊，我们通过自己的努力，去获取所需，是正能量啊，可能会很累，但是没有辜负生活啊。

天下没有免费的午餐，也没有那么多不劳而获，想要改变现状，想要得到所需，就必定要为此付出努力代价，奔波固然是辛苦的，但你一旦克服它，它一定会加倍回报于你。

奔波是一项漫长而艰巨的任务，是一种长期行为，甚至是一辈子的事情，任重而道远，所以，不要着急，给自己时间，不管回报来得多晚，它一定会来，中途放弃是懦夫的选择。

其实，在现代社会，奔波努力已经占据了生活的百分之八十，有时候甚至等同于生活本身，如果你接受它享受它，那你就是在享受生活，如果你抵触它逃避它，那可能它也不会对你友好。

接受现状，而不屈从于现状，并为此努力奔波改变，这是你我作为普通人，最好的生活方式。

辛苦时更要学会爱自己

如果一个人不去爱自己，

就不会去爱别人，

那么怎样才算爱自己呢？

竭尽全力做好 力所能及的就是成功

1981年，邓丽君和马来西亚“糖王”郭孔丞订婚，订婚发布会选在郭家自己的香格里拉酒店香宫餐厅，富丽堂皇的装饰几乎还原一千年前宋朝的考究。

据说，那段时间是她最甜蜜幸福的时光，遇到好友便主动展示戒指开心宣告：“我订婚了。”郭孔丞的父亲是香格里拉集团的BOSS，当时邓丽君事业如日中天，这样的媳妇对郭家的帮助显而易见，郭孔丞的母亲还是邓丽君的歌迷，一切看起来都美满极了，可是，这场原定于1982年3月17日在新加坡举行的婚宴，却被取消了。

据说，在讨论婚礼细节时，郭家开出三个条件：第一，要求邓丽君提供详细身家资料；第二，保证婚后终止所有歌唱事业，专心当妻子；第三，和演艺界断绝来往，与所有男性友人划清界线。

邓丽君提出“其他要求都可以答应，但是最少让我录音出唱片”，几天后，郭家回复：不可以。

于是，双方退还了信物，爱情和婚礼黯然告终。

若干年后，邓丽君的弟弟邓长禧接受媒体采访时说，当年邓丽君已经决定退出演艺圈，只是，她觉得如果把这当成嫁进郭家的条件实在屈辱：“要嫁进去其实还是可以的，但是不想入了，不想勉强，不想遭人白眼。”

“我想结婚，过幸福的生活”是邓丽君的初衷，没有如愿，她消沉之后重新把精力投入到事业中，工作的忙碌暂时抚慰了情感的缺失，她达到事业的巅峰。朋友担心这样的打击，会让她对爱情失去信心，她说：“不会，爱情无论经历多少次挫折，都会继续追求，爱情对我很重要。”

很多人都说邓丽君不是明星，而是超越明星的传奇，可是，即便这样事业辉煌、为人谦和、看上去什么都不缺的传奇，也并没有搞定家庭和事业，可见，兼顾家庭和事业，是一个多么困扰女人的艰难命题。

究竟怎样达到家庭和事业双丰收呢？总是有读者这样问。我本来可以讲，要懂得均衡，要换位思考，要合理分配时间，要内外兼修，要融合而不是选择，要知道感恩，但是，这些不痛不痒的话同样也没什么用，我们看过太多明星和名人父慈子孝妻儿和美的讨喜报道，所以我们更清楚，一件事情如果被拿来当作榜样和新闻，它本身就是稀缺的，谁会羡慕信手拈来的常态呢?

所以，达到家庭和事业的双丰收，是普通女性的梦想，而不是生活的常态，我们平凡的日子里充满了揪心的工作，不理解的老公，长不大的孩子和各种复杂的人际关系。

柏邦妮曾经说，这个时代把中国女人推向了世界，却没有把中国男人拉回家庭，所以，大多数中国女人都在辛苦地打着两份工，一份叫事业，一份叫家庭。

这或许才是很多普通女性的真实状态，也是横在几乎每一位职业女性，以及以家庭为职业的女性面前最大的问题，那些做到家庭与事业双丰收的女人，往往有两个前提：

第一，家人的支持。

第二，相对优渥的收入。

家人的支持不仅来自原生家庭的父亲母亲，更来自丈夫和公婆的理解与认同。有人说，傻呀，不会一开始就选个支持自己的男人结婚？我本来也觉得婚姻没选对是自己眼瞎，看多之后逐渐能理解很多人起初也三观一致，只是走着走着就走散了——中国是世界上发展机遇最多的国家，同样，这也意味着我们的时代变数特别大，或许三年五载，甚至一年半载，夫妻双方就可能存在非常大的距离和差异，这种发展和思想上的不同步，给亲密关系的维护客观上造成了困难。

我的同龄人很多是中国第一代独生子女，成长教育中极少换位思考、包容谦让、克己隐忍的基础，也没有传承到传统的夫妻相处之道和关系准则，所以当我们面对自己的婚姻和家庭关系时，幸福之后是懵懂。我们并不十分了解当一个人的世界，变成两个人、三个人甚至一大家子人时，怎样游刃有余地交流，导致家庭关系本身存在很多隐患。有了孩子之后，夫妻感情往往不是更好，而是以往矛盾的集中爆发。所以，要得到长辈的支持，并不容易，即便与自己的亲生父母，也存在理念和关系均衡的障碍。

而我们的丈夫，大多和我们同龄，男人心理成熟期本身比女人迟，他们和我们一样是原生家庭的掌上明珠，而不是顶梁柱，在建立自己的小家庭之后才被迫戒除成长的安抚奶嘴，他们的责任感和耐受力不一定比我们强，需要更长的成熟期。

所以，有孩子的女人，往往面临陪着丈夫和子女两种“孩子”共同成长的问题，这个时候要求来自男人的支持，很多女性是得不到的。

经济的适当宽裕，能缓解甚至弱化很多矛盾，当然，豪门恩怨除外。

相对优渥的收入，不仅指来自男方的支援，更包括女人自身的经济基础。月嫂的工资年年看涨，但是，很少有人发自内心认同女人在家里带孩子是项含金量非常高的职业。在大多数人看来，除非女人自己出去工作挣得比保姆工资高得多，否则她的工作没有意义——既没有获得足够的报酬，又失去了照顾家庭抚育子女的时间，这样的“事业”显然不值得被支持。久而久之，女人工作的能力逐渐退化，越来越不具备做很多“事业”的条件，她们被迫长久停留在家里，像一只翅膀退化的鸟，不再有起飞，或者飞得更高的能力。

客观地说，普通家庭中，女人的“含金量”，很大程度上决定了她的话语权，以及被支持的程度，但是，却不能保证她和丈夫爱情的热度。有爱和婚姻稳定是两码事，爱情是两个人荷尔蒙的碰撞与契合，婚姻是在现实社会中讨生存的组织行为，有爱的人未必过得下去，没爱的人也不一定会散伙，但好的婚姻一定是把爱情和现实利益，结合得恰到好处。

我曾经以为生活的若干选项，爱情、事业、亲人、子女等可以均衡，但是越往后越发现，现实的生活不太有均衡，只有选择，那些所谓的均衡，只不过是不同阶段有侧重点的选择。

公认事业和家庭双丰收的女性，比如郭晶晶，先获得了世界冠军，带着事业的光环和豪门谈恋爱，真正出嫁时，她选择了退役。做世界冠军的时候，她用功极了，花在高强度训练上的时间，一定比恋爱多；做豪门太太的时候，她也很专注，低调谨慎，言行举止符合大家族媳妇的要求。

再比如刘涛，做豪门太太的时候，尽职尽责秀恩爱、爱马仕和私人飞机；家庭需要她出来拼事业，勤奋、谦和、宽厚一样也不缺。

还有杨澜，公认事业有成家庭幸福，这样的双丰收更大程度上是，夫妻双方基于家庭利益最大化做出的合理选择。

她们都在均衡与融合吗？未必，她们只是找到了人生不同节点的侧重，做了自己认为正确的选择。

生活是个非常难以兼顾的选项，家庭与事业双丰收，是对女人智慧和运气的双重考验，本身就是个艰难的命题，能够做到，太值得祝福；真做不到，在力所能及的条件下让自己和他人尽量过得愉快，也不是多么丢脸的事情。

如果你是一个中国的普通职业女性，请一定做好家庭与事业的矛盾长期共存，以及在某个时间段一定会手忙脚乱力不从心的心理准备。

请收起你的诉苦

[1]

静姑娘跟单位的林姐相处得很好。

在整个实习期里，她多亏了林姐的照顾，有任何工作上的问题，林姐都会用心的教她。

他们部门有两个实习生，但是名额只有一个。

静姑娘与竞争对手莹姑娘总体来说，差别不大。如果非要找出差别的话，就是莹姑娘的家境要比静姑娘好得多得多。

听说，莹姑娘的包包从来不在国内买，而且几乎都是限量版。

静姑娘知道，自己比莹姑娘更加需要这份工作。

所以，她尽可能地表现。

她从来不按时下班，对待同事也总是有求必应，许多原本不是她的工作，她也会大包大揽。

她基本赢得了整个办公室的善意，毕竟，不是每个人都会这么乐意为他人分担如此多的杂活。

林姐提醒她：不要让自己这么累，不然时间一长，大家都会觉得这一切理所当然，等到有一天，你有一次无暇顾及的时候，你会成为千夫所指。

静姑娘跟林姐诉说自己的原生家庭，做工人的父亲，没有工作还有慢性病的母亲。她必须得到这份转正之后有着优厚薪金的工作，她别无选择。

实习期到了，所有的人包括莹姑娘都觉得留下来的人应该是静姑娘。

而真正的结果是，莹姑娘得到了转正名额。

林姐私下跟经理谈过静姑娘的处境。经理认为：一个重要的销售岗位，存在着不可预见的灰色收入。

对金钱渴望的太热切的人，容易陷入漩涡，且急功近利。用这样的人，太冒险。

[2]

勇先生父母早年离异。母亲另嫁，父亲再娶。

之后，父母又各自有了孩子。勇先生正儿八经的成了舅舅不爱，姥姥不疼的孩子。

中专毕业后，他打着一份很平凡的工，赚些还能养活自己的收入。

父亲早就明确地告诉他，以后他的生活，结婚生子，是帮不了他什么的。因为父亲过得也很拮据。

母亲呢？除了对父亲的辱骂，就是对自己的哀叹。

还好，勇先生身边还有一众兄弟，平日里一起嬉笑怒骂，一醉解千愁。

勇先生很节俭，每个月都会存一点钱，奈何收入摆在那里，工作六七年了，也攒了没多少。

他向相恋多年的姑娘求婚了，姑娘父母都还明事理，不要彩礼，唯一的要求就是要一个十万的现金，留着以后给他们买房付首付。

勇先生看着自己存折上的数字，怎么数也差着一大截。

没办法，他跟父母张了口。

后妈的脸色很难看，说的话也很难听："人家某某家的孩子，找的媳妇是独生女，给人当个养老女婿，不用买房也不要彩礼，多好。"

最后，父亲给了勇先生一万块。

母亲先是哭，说自己就是个家庭妇女，不赚钱，没出息。而后又开始破口大骂勇先生的父亲不是东西。

第二天，母亲红着眼肿着脸，给儿子送来了两万块。

勇先生的钱还是不够，他请平日的兄弟们一起喝了顿大酒，跟他们讲述自己的家庭，自己的父母，以及目前的困境，也许是情到深处，也许是酒喝大了，勇先生哭的不能自己。

酒桌上，几个兄弟纷纷表态，这个拿一万，那个拿五千。

隔天酒醒了，只有两个人送来了钱。

有个兄弟跟勇先生说，别把自己的底儿都跟别人交出去。大家知道了你的一切，没亲人帮扶，近几年几乎都没有还款能力，谁的钱也都有自己的打算跟用处，你明白吗？

[3]

李姑娘跟初恋在一起了五年，最纯的爱情跟最美的年华都给了他。

第一次上手术台，也是因为他。

一切都没有敌过空间，他在外派工作的一年里，还是有了新欢，李姑娘便成了旧爱。

已经是大龄的李姑娘，走在了相亲的路上。

无数次的失败后，终于觅得了良人，没几个月，婚事便提上了日程。

跟姐妹们一起过最后的单身一夜，李姑娘回忆起曾经的五年，忍不住落泪，跟大家讲述着曾经的点点滴滴，包括，那一次手术。

她以为，过去的就让它过去吧，说出来，就是跟自己的过去告别。

婚宴上，觥筹交错，欢声笑语。他们得到了一切关于新人的祝福。

坐在喜宴上，李姑娘的两个所谓闺蜜，大发着感慨。

“哎，今天，要是她跟她初恋的婚礼，该有多么完美！”

“就是啊，她为初恋付出了那么多，甚至都打过一个孩子，你看她昨晚哭得有多伤心！”

“哎，都是命啊，她现在也挺好，就是他们认识时间太短，不知道会不会幸福。”

“先结婚，后恋爱呗！”

两个人嘻嘻地笑着。

她们不知道的是，同桌的有新郎的好几个表嫂。

自然而然，表嫂把话传给表哥，表哥把话传给舅舅或者姨姨，然后又传到了李姑娘的婆婆耳朵里。

李姑娘的新婚生活便看似波澜不惊，实则暗潮汹涌……

爱自己 就要不将就

幸福从来不可能是有个人帮你搞定所有的一切，而你只需要坐享其成。

她喜欢喝银耳莲子羹，而且必须是上好的银耳，用小火慢慢炖到黏稠。那一日，他去看她，她冷冷地从屋里走出来，丢给他一本书，对他说："厨房里小锅炖着东西，你帮我去看看。"他真真地守了一个多小时，端到她面前。

他开着奔驰带她去山上农庄吃饭，回来的时候她在车上睡着。他送她回家，然后轻手轻脚抱她上楼，呵护如珍宝。他笑着对她说："我知道你的心里藏着一团火。"

他曾经有一个深爱的女友，她说"我现在还不能嫁给你，我想去欧洲"。有野心的女子，总是有很多资本的，也总是以为不怕丢弃。她走后，他换女人如换衣服。然后他遇到了她，天雷地火，甘愿用一个多小时为她等一锅羹。

大家都认为这是一对璧人，家世相当，学历相当，男生待女生若公主。最后，却恰恰是因为家长之间的矛盾而分手，而他也选择了听父母的话。

那个时候，她说，她绝不将就。

到了如今，她却笑着对我说："这些故事，我已记不太清楚了，你怎么还记得？"

后来，她选了一个前途安定的男人，奔波于装修新房的路上，一边暴躁一边埋怨男人都是甩手掌柜。但她说，没什么好后悔。迄今为止，她也说，她不后悔，即使明知那时候的自己有一些任性。

到了最后，就在那个愿意放下偏见和骄傲的时候，遇见一个同样愿意的人，在一段靠谱的感情中，走向一段靠谱的婚姻。

然后，所有的剧情都落幕了，剩下的事，该来到的都来到了。不是因为你更爱谁，就可以不用面对那些鸡毛蒜皮的小事，只是愿意和不愿意而已，只是将就和不将就而已。

因为，幸福从来不可能是有个人帮你搞定所有的一切，而你只需要坐享其成。谁都没有办法帮你解决所有问题，不管他是天皇还是王子。

我们都以为我们有足够资本挑剔和考验男人，所以一定会与世俗婚姻离得很远。像每个漂在城市的姑娘一样，在看不到靠谱感情的时候，失望彷徨以为永远看不到结果。

甚至会觉得，这城市是不是什么事都是有名额的，成功有名额，结婚有名额，生子有名额，总有人轮不到领到那张票？

其实，不管成为一个手握世俗静好的女人，抑或是成为一棵独立的树似的女人，都不过是殊途同归。

只是有的人，很早就遇到了自己，很早就决定了不将就。

而有些人，要走得更远，错得更多，才发现真正的自己。

谁也没有比谁更完整，只是走着走着就变成了不同的人。

什么时候变的，记不清楚了。

就是那样，慢慢的，

以前不甘愿的，现在觉得可以平和面对；

以前觉得难比登天的，现在做得得心应手；

以前不停苛求自责，现在学会放过了自己。

他们说，爱的是一个人，结婚的是另一个。

其实自己又何尝不是变成了另一个人，所以自然就嫁给了那另一个人。

正如我选的这首歌里所唱——

岁月是一场有去无回的旅行，好的坏的都是风景。

也许决定婚姻的，真的不是爱，而是时机。

时机决定，什么时候你开始想甘愿。

而我们不停地成长改变，是为了让甘愿的那一刻，更大的概率遇到对的人。

所以，好好珍惜那些还不愿意将就的时光吧，那都是爱自己的证明。

你有感知幸福的能力吗

好像已经很久没觉得幸福，好像已经很久冷漠的生活，好像一切都是应该的一样。

赚3000元的时候，想着如果能赚5000元，生活就会更加宽裕而幸福吧。

赚5000元的时候，想着如果能赚10000元，生活就会更加宽裕而幸福吧。

……

以为换一个公司，薪水和title得到提升，很多问题就可以解决了。但是好像不是这样。多出来的那部分钱，并没有让人觉得一点点的快乐，甚至不觉得那些加上来的钱对自己有什么积极的改变。不好的是，自己好像变得不那么开心了，甚至体会不到生活的每一点小幸福了。

是生活真不幸福了吗？

用S的话来讲："你每天上班不用风吹日晒，早晨9点才睁开眼，10点都不定能到公司大门口。每天工作就是敲敲键盘，打两个电话，开几个小会，你到底有什么难过和痛苦的？"

是啊，我生活衣食饱暖，工作稳定，且还是众人仰慕的知名公司！每天十点上班，下班时间虽然不定，但加班比起以前也算不上多。周末看看电影看看书，偶然出去旅旅游！每次早晨看到写字楼外挂在高空的那些擦玻璃的师傅，都会觉得自己的工作简直太幸福了！可是为什么我们还会不断地抱怨和不满足？

每个人都有这样的感受，我们都觉得如果钱再多点，那就会对得起自己的辛苦工作了，继而生活上宽裕一些，能满足自己买更多的东西，由此生活就会变得幸福。可是伴随每一次的加薪，生活并没有变得幸福。用增加的钱购买东西能让你真正感到快乐了吗？好像没有！这似乎是一个与钱无关的问题。

前几天突发奇想想买个小房子，根据北京的购房政策，我要等到2013年才有资格去买。于是在家算了半天钱，还有一年半的时间可以让我赚钱攒首付，然后算出每个月要攒多少钱才能够。

那之后的一个星期，我发现我不敢去和朋友聚餐，看见好玩的喜欢的东西也不敢立刻买下来，想去上什么课也要算一下豪迈地花出去这笔钱对那小房子会有什么影响……有一种无形的压力无时无刻地压在我的身上，还开始担心如果工作变得苦逼，辞职了钱怎么办，等等。

那一周的时间我充分感觉到，是无止境的欲望压住了我对幸福生活的敏感度，过于专一的目标让我失去了对生活小事的兴趣。在强大的首付压力面前，收到一张远方的明信片，抑或跟久未谋面的好友聚餐，是件与买房子这样强大闪亮的目标完全无关的事，也没有什么帮助。

沉静无华的岁月，内心变得世俗而功利，欲望不断强大筑成一个三面围堵的高墙，再也看不到四周的方向，生命变成了那一条通向强大目标的跑道。可惜那目标的光亮来自太过遥远的地方，自己每天的奔跑如同杯水车薪，每天夜里的雄心壮志都会在第二天的现实中变得幻灭。

欲望，永远无法被满足；满足感，从未充盈在心间。

至于自己，新的工作并没有什么太多的挑战，因此并不会给生活太大的灾难。灾难本身在于自己的内心，加薪后你发现可以去买演唱会的看台票了，你的内心还没来得及满足和幸福，就变成了“我什么时候可以去买内场票”？

瞬间内心就幻灭了！一旦思维方式变成这样，那生活中所有的小幸福都会在瞬间变成更大的不满足，继而生活再也感受不到幸福。

我们以为那是单纯的钱所造成的问题，是社会地位、公司背景带来的影响，但事实上是自己的内心在作祟。因为我们都有过那种学生时代没什么钱但特别幸福快乐的日子，也曾有过刚入职一句表扬就可以让一整天都很欢乐的岁月。那个时候什么都没有，但是我们很快乐，对一切都充满了好奇和新鲜感，也非常乐于参加各种社会活动。

但是现在，我们的内心开始变得功利而有目的性，与目的无关的事情都没有心情去关注，生活开始疲于奔命的向前冲，但是冲到哪里，似乎没有人知道尽头，灵魂被丢在了哪里？

我们生活的社会圈子里，仿佛每个人的生活都在往前赶。上学、找工作、稳定经济、找对象、结婚、生孩子、孩子上学、孩子找工作……似乎生活的目的就是不断地进入下一个阶段，完成一项项任务，满足一项项欲望。我们拼命地向前冲，通关打游戏一样的急迫，忘记了灵魂在哪里，也忘记了生命的意义。

我从7月跳槽后一直往前冲，冲到9月底彻底病倒了。在医院每天输液的日子里，看着药水慢慢滴落，内心也跟着开始变慢。那些日子，每天躺在床上休息，不怎么看书，也不看电影，闲了跟隔壁输液大妈聊天，帮她吃家人带来的各种食物，看急诊室里各种人来人往。那一刻，我觉得这才是生活本来应该有的样子。

考拉是一个在美国读书生活，是一个对生活充满各种满足的女孩子。她刚刚毕业，工作不到两个月，结婚一年。她总会因为生活中看了一部精彩的电影，老公给她做了一个中国大饼而欢呼雀跃，像一个小孩子一样。前几天她收到CEO给她写的一个小小的嘉奖信，表扬她工作不错，送给她一张加油卡。她快乐得要跳起来了！我也收到过，甚至收到过比CEO级别更高的嘉奖信，但是我随后就放进了抽屉里，继续工作，内心一点起伏都没有。我原来以为这叫成熟和稳重，现在想来，我开始羡慕她拥有感知幸福的能力。

感知幸福的能力，需要灵魂和身体一起在场。等一等，让灵魂跟上来。

冬天来了，春天还会远吗

[1]

那年冬天，由于工作失意，便带着悲观的色彩看世界、看人生。

一天，朋友来我家，指着房前的一棵树问："你看看，这树上有多少片叶子？"

"一片也没有呀。"我看了一眼房前那棵光秃秃的树，脱口答道。

"真的没有一片吗？我倒看见了很多很多的树叶。"朋友说。

"它们在哪呢？"

"就在每一根光秃的枝条里。这些还藏在枝条里的叶子，虽然处在严寒的冬天，但它们看到的却是温暖的春天，所以，它们才会满怀信心地等待、孕育、积蓄着力量，等春天一到，就齐刷刷地绽放在枝头。"

等我再看房前的那棵树时，仿佛真的从光秃的枝条里看见了许许多多的绿叶。

朋友说："如果一个人处在人生的冬天，也能像冬天光秃枝条里的叶子一样，看到春天，看到春天的希望和温暖，那么，在一个人的心灵里，也会拥有无数的'绿叶'，拥有无限的生机和活力。"

在那个寒冷的冬天，朋友的话，让我看到了人生的春天和希望的绿叶。

[2]

曾经，我做生意，因错失了一次赚钱的机会，整天唉声叹气。

一天，父亲拿出一袋种子，说是要把它扔掉。“一袋好好的种子，为什么要扔掉呢？”我问。

“这是一袋去年的种子，今年的春天过了，对于这些种子来说，没有发芽的机会了。不能发芽的种子，留着有什么用呢？”父亲说。

“但明年还有春天呀。”我提醒父亲说，“等到明年春天，把它们播种下去，不是照样可以发芽吗？”

“种子错过了今春，还有明春，人生不也是如此吗？孩子，错过了一次成功的机会，就永远错过了吗？没有！因为明年还有成功的春天啊！”父亲说。

当你为自己错失一次机会而后悔时，别忘了提醒自己一声：明年还有春天。

[3]

一天，我见一位母亲牵着一个跛脚的小女孩，走在一片白杨树林里。

“妈妈，你看，树的眼睛！”女孩所指的眼睛，是这些白杨树树干的结疤。

母亲想了想，说：“在冬天，一些人砍下了它们的树枝。于是，在每一个伤口处，便长出了一只眼睛。”“它们长出眼睛，是为了流泪的吗？”女孩天真地问。“不是，它们是在盼春。”“盼春？春天就是它们盼来的吗？”“孩子，是的。再深的伤痛，再大的苦难，只要长着一双盼春的眼睛，就会拥有一个明媚的春天。”

我看着这对母女，看着母女身后的白杨树林，我看到了一幅最美的春天图画。

[4]

一阵风吹来，花儿纷纷飘落。孩子问："当花儿谢了，春天是不是结束了？"

"当花儿谢了，不是春天结束了，而是春天正在远行，在它远行的路上，花儿在开，叶儿在绿，草儿在青，燕子在飞，蝴蝶在舞。"我告诉孩子。

"哪春天什么时候再回来呢？"孩子问。

"当冬天到来的时候，当我们感到最寒冷的时候，我们就能听到春天的脚步声了。"我说。

"春天会给我们带回什么呢？"孩子问。

"春天会给我们带回红的花、绿的叶、青的草，带回和煦的春风，带回明媚的阳光，带回温暖和美丽，带回生机和希望，当我们一时看不到春天时，要坚信，那不是春天的结束，而是春天的一次远足。"我说。

你需要适当给自己放放假

拼命三郎式的工作方式早已不适应现代社会。特别是对于年轻人而言，工作固然重要，可为了工作，牺牲有品质的生活，那未免太残酷了。

面对职场中日益激烈的竞争，年轻人对压力的与日俱增深有体会，习惯于闷着头往前冲，即使迟疑，也不敢在既定的轨道上逗留，但不肯停的后果，往往是比走得慢但走对路的人落后更多。

欧美的许多国家，在职场中盛行一种“休耕”理念。所谓休耕，原本是农业用语，意思是对土地停止耕种。如果不休耕，土地里的养分得不到复原，农作物的收成就会越来越差。倘若休耕一年或几年再复耕，土地里积蓄了足够的养分，农作物的收成就会比过去多一倍甚至几倍。

延伸到工作中，就是感到疲惫时，不要硬撑，不妨放下手头的工作，给自己放个长假或者是换一种生活方式，排遣一下长期的劳累，让自己放松一段时间，这样有利于激发更好的创造力。

萧明搞文学创作有数十年之久了，在文学界也小有名气。但最近，他却陷入了思维僵化的苦恼之中。他在心里感叹：“我的年纪，已经过了人生创作的巅峰、最充满原创力的年轻时期，但是我不甘心，我想赌赌看，人生能否再重来一次？”一番深思熟虑后，他终于决定给自己放一个长假，去世界各地游玩。在游玩的过程中，萧明结识了许多志同道合的朋友，他们在没有压力的交谈下激荡彼此的灵感。

“好像突然回到小学时的美劳课，一群人叽叽喳喳地分享、讨论彼此的作品，只是身旁的同学，换成了世界顶尖的艺术家。”萧明十分享受这样的生活。

一年的世界之旅结束后，萧明满载能量回归，一部部优秀的文学作品相继出炉，他又找回了多年前的创作激情。

休耕，就像乐曲中的休止符，有了它，我们的人生乐曲才会渐渐进入高潮部分。如果你想既拥有成功的事业，又能尽情品味生活的乐趣，就一定要学会休耕。千万不要相信老板的蛊惑，他们总希望自己的员工能为公司奉献一切，鞠躬尽瘁、死而后已。可是很显然，拼命三郎式的工作方式早已不适应现代社会。特别是对于年轻人而言，工作固然重要，可为了工作，牺牲有品质的生活，那未免太残酷了。

不妨放下手头的工作，给自己放个长假或者是换一种生活方式，排遣一下长期的劳累，让自己放松一段时间。

就算你能长命百岁，也终究有离开人世的一天，既然都是一辈子，为什么不能让自己活得充实一些、体验人生的更多精彩呢？

工作仅仅是生活的一部分，若是为了它耗尽你的全部精力和体能，等到老时坐在摇椅上才感慨地说：“早知道就不那么拼命工作了……”这是不是有点太晚了？

年轻人，当你的生命开始收不到“信号”时，那就是要你移动脚步的“信号”——有人20岁休耕，是想寻天地；有人30岁休耕，忠于做自己；有人40岁休耕，沉淀养智慧。选择何时休耕，由你自己决定。

别让你的生命超负荷运行

森林中举办比“大”比赛。老牛走上擂台，动物们高呼：“大。”大象登场表演，动物们也异口同声：“大。”这时，台下一只青蛙忍耐不住了，嗖地跳上擂台，拼命地鼓起肚子，并用自信的眼光盯着动物们：“我大吗？”

“不大。”动物们传来一片嘲笑声。

青蛙不服气，死劲儿地鼓着肚子。随着嘭的一声，肚子破了。可怜的青蛙至死也不明白它到底有多大。

有位登山运动员一次参加攀登珠穆朗玛峰的活动，当他努力爬到海拔6400米的高度时，因为体力不支，便停了下来。许多朋友知道这一情况后，都替他惋惜，不少人说，如果他能咬紧牙关挺住，再坚持一下，再攀登那么一点点，就上去了。

没想到这位运动员却不以为然，他平静地说：“不，我自己最清楚，6400米的海拔高度是我登山生涯的最高点，我一点都不遗憾。”

《约翰·克利斯朵夫》中主人公与他的舅舅之间有一段对话：

“……如果不行，如果你是弱者，如果你不成功，你还是应当快乐，因为那表示，你不能再进一步。干吗你要抱更多的希望呢？干吗为了你做不到的事悲伤呢？一个人应当做他能做的事……竭尽所能。”

“……英雄就是做他能做的事。”

任何人，无论做任何事，都必定有他的极限，必定有他的承受能力，必定有他所能达到的最高高度，像那位登山运动员，6400米就是他的极限，就是他的承受能力，就是他的最高高度。

人活着，应该有明确的目标，应当有最高的高度。

目标定得大些，高度定得高些，人潜在的因素发挥得就更充分些，进取的劲头迸发得就更充足些，生活的价值彰显得就更充实些。

但一个人追求的目标过大，锁定的高度过高，而自己又不具备相应的能力和实力，那就会出现两种情况，一种是因为未能达到预定的目标和理想的高度而情绪低落，无精打采，心灰意冷，甚至于从此颓废萎靡，一蹶不振；一种是不可为而为之，勉强从事，超过极限，不堪重负，最后搞垮身体，落得人、事两空，付出沉重的代价，青蛙的教训应该牢牢地记取。

及时了解和承认自己的能力和局限，当行则行，当止则止，量力而行，恰到好处，便能使自己生活得更加充实和自在，便能让自己有限的生命生发出适度的光和热，从而为自己带来一生的安宁与幸福。

保持适度，做自己能做的事，并不是放低要求，无所追求，而是一种理智，一种清醒，一种分寸，一种把握，一种量力而行，一种求真务实，一种最高境界。

保持适度，做自己能做的事，并不是浑浑噩噩，碌碌无为，虚度人生，而是一种人生的准确定位，一种可贵的脚踏实地，一种成功的必由之路，一种对待事业的认真负责。

保持适度，做自己能做的事，只要用尽全力，耗尽所能，作出最大努力，自己问心无愧，最后实现了什么目标，达到了什么高度其实并不重要。

保持适度，做自己能做的事，就要怀揣标尺上路，让它既督促我们不懈攀登，又提醒我们恰到好处戛然而止，千万不要把自己搞成一台超越生命极限，长期超负荷运转的机器。

要知道，仰之甚高，而力又不及，那是笨蛋的愚蠢和贪婪。

女人的美 无关年岁

大概四五岁的时候，老家两户邻居因挖水沟生了矛盾，两位年近六十的大娘互不相让破口大骂，远近邻居闻声赶来，嘈嘈切切地围了几十人，有人恶意挑唆，有人好奇观战。奶奶前去劝架，我拽着她的衣角躲在她身后，那些难听的话像海浪一样呼啸而来，让我不时打着寒战。

时值初冬，寒意已浓，见围观的人越来越多，其中一位大娘竟然一把扯开自己上身的薄棉袄，里面连背心也没穿，一对干瘪的乳房像灌了水的气球，从胸垂到腰，耷拉着，晃荡着，配合着她双手叉腰和动作和趾高气扬的污言秽语。围观的人哄笑起来，她越发放的开。

奶奶见状赶紧转身带我走。但那个片断还是被我记在了心里，成为童年记忆里极其不堪的场面。

此后很多年，我始终不解。既是吵架，为什么要解了自己衣裳让人看，为什么在众多男女的围观里卖力撒泼。长大后读《红楼梦》，每每读到描写夏金桂“一不做，二不休，越发喊起来了，说：‘我不怕人笑话！你的小老婆治害我，我倒怕人笑话了？再不然，留下他，卖了我！谁还不知道薛家有钱，行动拿钱垫人；又有好亲戚，挟制着别人！你不趁早施为，还等什么？嫌我不好，谁叫你们瞎了眼，三求四告的，跑了我们家做什么去了？’一面哭喊，一面自己拍打”时，总会想起那场面，在我心里，这位大娘就是河东狮年老后的升级版本。

大学期间，跟同学坐公交车进市里逛街，我们一路轻声聊天，未曾高声喧哗，车上一老年妇女却冲过来地指着同学骂："你们要聊天就去歌厅酒吧，你以为你是谁啊，你们也配当大学生？"同学惊讶不解："凭什么不让我们说话？"那女人更加嚣张，恶狠狠地骂道："别以为年轻就了不起，告诉你，你们都会有老的那一天！"

我被突如其来的意外惊得错愕，等回过神来，她已骂骂咧咧地下车，嘴里还在嘟囔着"不用得瑟，你们早晚有老的那一天……"

我们两个青春少女，无端地成了夺去她青春的假想敌，仿佛她的青春是被我们践踏了，而我们的青春是对她最大的不公，我们都应该在她的诅咒里快速老去，成为残花败柳，方能解她心头之恨，高叹一声苍天有眼。

今年常去小区附近的广场散步，经常遇到一位带孙女的阿姨，皮肤白皙紧致，身形苗条挺直，马尾高束，虽然已当了奶奶，丝毫不像五十多岁的妇女。阿姨很爱美，每次都穿着专业的舞蹈塑身服装，腰间系着色彩鲜艳的腰巾，时刻展示她的身材和功底。我对她的年轻态很是羡慕，几次差点忍不住上前讨教保养秘籍。

直到前几日，在小广场遇到了同小区的一位二胎妈妈，儿子已六岁，自己玩吹泡泡，她怀里抱着刚满七个月的二胎宝宝。那位美阿姨仍是一边看小孙女玩滑梯，一边练习广场舞的新动作。男孩被泡泡水喷了一脸，就恶作剧地去阿姨的小孙女身上蹭。怀抱二胎的妈妈尚来不及制止，阿姨就杏眼圆瞪，柳眉倒竖："你怎么这么没素质！怎么往小妹妹身上擦！"小孩妈妈顿时尴尬，赶紧道歉，然后一手抱着二胎，一手领着男孩，快速离去。

阿姨仍未解气，继续谩骂："你这样的妈，怎么教育孩子，没教养的东西！也不知道管管，上梁不正下梁歪，自己就没素质，没家教，还有脸生二胎，生多少孩子都是人渣！"

我倒抽一口冷气。只是一个调皮孩子的玩闹，竟让她的脸愤怒到扭曲，几乎恨到银牙咬碎，发出最恶毒的诅咒。所有美感瞬间荡然无存。

从前我只知女人怕老。因美貌是件太娇贵的奢侈品，又是极易贬值的易耗品。红颜难敌岁月匆匆，胶原蛋白和大好时光一样滚滚逝去不回头。

如今看来想常葆青春是件极其轻易的事，几瓶玻尿酸几支水光针就马上可以重返十八岁。而内心丑陋粗鄙，足以让所有美万劫不复，坠入尘埃。

《红楼梦》五十九回里，丫头春燕复述宝玉的话："女孩儿未出嫁，是颗无价之宝珠，出了嫁，不知怎么就变出许多不好的毛病来，虽是颗珠子，却没有光彩宝色，是颗死珠了；再老了，更变的不是珠子，竟是鱼眼睛了。分明一个人，怎么变出三样来？"

难怪鲁迅说：悲凉之雾，遍被化林，然呼吸而领会者，独宝玉而已。

在宝玉心里，将女子按未婚、已婚、老年划分了三个阶段。闺阁女儿清爽通透如无价明珠，已婚少妇身陷琐事光彩全无。老年妇女沦为市井泼妇，只剩死鱼眼珠。

宝玉将这变化与男人关联，于是感叹"奇怪，奇怪，怎么这些人只一嫁了汉子，就沾染了男人气，就这样混账起来，比男人更可杀了"。

其实，这是女人自我成长与修炼的三重境界。与年龄，与婚姻，与男人，皆无关。

有人年华逝去，仍可纯粹执着如少女。

有人走进围城，不过是从剩女变剩妇。

美人迟暮根本不算最悲凉的事。赫本晚年面容松垮皱纹丛生，丝毫不影响她是全球公认的最美女性，无惧岁月，美足一生。

真正让人悲凉的，是那些曾经美过，却日益刻薄狭隘、怨气横生、粗俗鄙薄、充满仇视的女人。

衰老是一个不断被剥夺的过程，也是一个不断被赋予的过程。

她们只是丢失了最美年华和如花容颜，却未曾收获历练成熟后的饱满心境，在拖沓日子里沦为一瓶过期变质的饮品，从未被岁月发酵成一杯醇厚馥郁的美酒。

她们自怨自艾，无事生非，数落子女，苛待伴侣。待人横眉冷对，遇事强词夺理，自己在现实的浑水中打了滚，就要求所有人都得跟着沾上泥，恨不得全世界都要为她的更年期让步。

子女成长，儿孙满堂，执手携老，桑榆晚景，原本美好的晚年生活，被活得怨气冲冲，从不感恩岁月的馈赠。

所以这本账，无论怎么算，都是只赔不赚。

将她们打败的，从来不是岁月，也不是衰老。

她们败在自己手里，自己给自己的不堪，才是一道最难趟过的冰河，步步艰难，无可逾越。好为人师的虚荣，不可救药的庸碌，一成不变的刻薄。她们耗尽晚年，不遗余力地将自己打造成吹毛求疵的最高手，养鸡种蒜的专业户。

既没独善其身，也未兼济天下。既做不到洞悉世事，也做不到人情练达。对他人刻薄相欺，自私到骨子里。

或许她们原本也是宝黛一般的水灵美人，却生生活成了王善保家的，周瑞家的，赵姨娘之流。指责世道不公，人情薄凉，抱怨生活奔波，人生苛刻，直至将自己变为最彻底最俗不可耐的市侩小民，面目狰狞，目光恶毒，内心扭曲。无事生非挑拨离间，对人对事充满敌对和排斥，怎么过都是错。

我们受尊老爱幼的传统教育长大，我们永远敬重长者，善待老人。但我只想远离那些动辄撕烂衣衫叫嚣、仇视他人青春、人前笑容可掬人后脚踩流浪猫、拿自家孩子当宝别人孩子当草、稍不顺遂就像画皮一样瞬间扯下面具变恶魔的老女人。

老人是未来的我们。

我们无一例外终将老去，衰老从来不是错。但倚老卖老，为老不尊，恃老而骄，仗老欺人，就是最大的错误和不耻。

这世间不乏优秀女子，才华与美貌交相辉映，智慧与灵魂丰饶激荡，即使到耄耋之年，鹤发童颜，内心纯粹，阅历伤痕皆成气质情怀，映照熠熠生辉的品行和格局。

这世间也有更多平凡女子，对生活竭尽全力，对梦想不舍放弃。年轻时是勇敢真诚热情积极的姑娘，年老后变面慈心善从容有趣的老太太，一生风雨尽收眼底，豁达宽容，恬淡慈悲，含饴弄孙，尽享天伦。

她们从未被岁月打败，而是被岁月成就。时光让她们成了美酒，唇齿留香，余味绵长。

我永远热爱并崇敬这样的人。

美从来就是人类追求的最高境界。对美的渴望和向往，让人温暖、积极、神采奕奕。

美貌只在皮肉上存活，美丽却可以在骨子里生长繁衍，生生不息。

伊能静说：少女时若因现实而苍老，白发时就应该比少女还少女。那是我们一生最有能力单纯、别无所求、充满善意、感恩世界的花季岁月。

“少女”不是青春貌美，不是卖萌装纯扮嫩，而是女人的生存姿态，纯粹坦荡、清澈欢欣。

我一直喜欢《瑞丽伊人风尚》封面的广告语：成熟的女孩，可爱的女人。

女人的美无关年岁。

真正的美人，不会败给岁月，亦不会输给年轮。

怎么样 才算是爱自己

朋友问我，你文章里说如果一个人不去爱自己，就不会去爱别人，那么怎样才算爱自己呢?

这个问题确实不好回答，如果说爱自己就是完全按照自己的意思去做，去活，只顾自己舒服就好，如果处理不当的话，就会陷入一种纠结之中，可能自责或者被人责怪——自私自利，对其他人不管不顾。如果完全活在别人的眼光和期待之中，似乎又会迷失自己，最终发觉自己好像从来没有活过。

听从自己的内心好好地活从来不是一件容易的事，最难为人的地方就是认识自己。所以，一个人爱不爱自己，怎么去爱自己，去下判断让人非常为难。

再后来，我发现有个简单的方法可以比较容易地看出一个人是不是爱自己。那就是看他能不能好好吃饭。

当然，这种好好吃饭和健康无关，绝非是指吞咽，消化，排泄功能是否正常，而是，他在用一种怎样的心态来对待吃饭，在他吃饭的时候，他整个人处于一种怎样的状态。

A君是个工作狂，吃饭于他而言就是一种“对付”，一大早的，他往嘴里塞几个馒头，有时一杯豆浆，有时一杯开水，反正都是匆匆了事，中午叫来一个外卖，一眼看了过去，就那种卖相，杂七杂八的食物混了一堆，色是肯定没了，香也没有，至于味吧，以我的经验看来，也好不到哪儿去，A君一边扒拉，一边盯着电脑，然后嚼着米饭说，肚子嘛，填填就好。

如你所知，A君是个理工男、程序员，也是单身。总而言之，你会发现，A君可能是个无趣之人，当然，事实也是如此，你和A君聊天你会发觉乏味得要命，他不看电影，不听音乐，不读小说，不去旅行……他认为所有的文艺都是瞎扯，浪费时间浪费命，姑娘见了他都躲着，相亲了好几次也没成，最后娶了一个同样乏味的姑娘，过着无比乏味的日子，总之，许多人说，那真是一个无趣的人啊。

对于A君而言，他的生活就是完成工作，领取报酬，然后购买一顿又一顿让他感到不得不去应付的饭菜，匆匆地填饱肚子，可是然后呢？婚后他常常和老婆吵架，然后百无聊赖地摔门而出，他们就是从来不能好好地坐下来，做一顿饭，吃一顿饭，即便万家灯火，炊烟袅袅，一家人坐在饭桌上，品尝美味是件如此美好的事，他们却从未觉察到。

B女对于吃饭这事有很多讲究，辣的不吃，酸的不吃，浓烈香味的不吃，加入各种佐料的不吃，煎的不吃，炸的不吃，内脏不吃，四肢不吃，飞禽走兽不吃，奇怪的植物不吃，那么，她到底吃什么呢？

我见过B君的厨房，只有油盐，连酱油都没有，B君告诉我，她讲究健康，所有添加剂的东西不吃，然后她给我端来了一碗面，上面一点油花星星点点，两片漂浮的白菜让人深感人生寡淡。

这个挑剔的女人一次又一次地失恋，内心十分愁苦，对于自己，时而肯定时而否定显得十分纠结，一会觉得自己那么好怎么会没人疼没人爱，一会觉得自己好糟糕这不行那不行，我想，哪里会有男人愿意被人挑三拣四啰唆几遍之后，然后端来一碗“苦逼面”呢。

C君是个理性的人，无论你是给他来碗兰州拉面还是沙县小吃，还是一坛“坛启荤香飘四邻，佛闻弃禅跳墙来”的佛跳墙，或是一碗芳香四溢的红烧肉，他都是用一种木讷的表情安静地吃完。

我甚至猜想，哪怕是一桌满汉全席次第摆在眼前，他一定也是心如止水，波澜不惊的。一次在饭桌上他的话曾让我吐出一口老血：无论吃什么，最后都会变成屎的。

当然，这句话其实很有哲理：无论我们如何扑腾挣扎，人到最后都是会死的。于是，C君陷入了虚无主义之中，人生了无意义，对于一切事物了然身外，一副“生亦何欢、死亦何哀”的模样，这种模样直接让他食之无味，当然，对于一个这么悲观的人，除了担心他得抑郁症之外，我又还能再说些什么呢?

说了这么多不好好吃饭的人，再来说说好好吃饭的人。

首先，他们会去非常认真对待吃饭这件事儿，如果他们自己下厨，他们会哼着愉悦的小曲到菜市场精心挑选各种食材，对于各种新鲜的食材跃跃欲试，同时对于各式佐料和烹调方法从不拒绝，他们精心烹制，对于盛放饭菜的碗碟同样有所讲究，但是他们不会过分挑剔，也没有“必须如此，否则不行”的桎梏，他们只是顺其自然地去做一件讲究的事，讨得自己与他人的欢喜就好，所以得以乐在其中。

同样如若他们出去吃饭，对于各种菜式各种风格全盘接受，享受美食的过程之中对于细细品味啧啧赞叹，同时又会心生好奇地探究这些食材究竟是怎么加工出来的，和一起共享美食的亲朋好友认真交流，促膝而谈，享受美好的用餐时光。

关于这点，在电影《入殓师》里，社长佐佐木和年轻的入殓师大悟一起吃烤鸡翅还有河豚鱼子的时候，我们可以看到他们对生活的热爱和对食材的珍视，那种“好吃到难为啊”的感觉，不是淡漠的人所能体会得到的。他们还是一群懂得克制的人，对于美食，点到即止，绝不贪食，这种对于食物的热爱和贪婪无关，否则就和宫崎骏的电影《千与千寻》里变成猪的那对父母无异了。

我想说的是，我发现我遇见的所有有趣的人，他们在一日三餐之中都是非常欢愉的，无论吃什么都好，他们对于生活充满了热爱、好奇与包容，所以，他们对于自己有更多的了解和开放，他们乐观开朗，无惧生命里的悲欢离合生死轮回，他们在了无意义的人生之中制造了各种欢喜与快乐，他们爱自己，爱他人，爱生活，爱世界。充满童趣却又满怀慈悲。和这样的人在一起，你才能发现生而为人的美好所在。

内心深处，也别忘了撒点阳光

我的师姐嘉木，曾写过一篇关于感情的文章，里面说“所有感情，最后考验的是人性中最忠厚善良的部分”，看完心有戚戚，于是也想就此题目写写。

那种书里曾写的互相扶持、彼此理解、灵魂相依、倾心一生一世的婚姻，在现实中我是从来不曾亲眼目睹、亲耳听过的。当然间接还是知道一两例，比如杨绛钱钟书算一对，赖声川和丁乃竺算另一对。现实中遭遇和听说的，大部分还是“每对夫妻都有100次想要掐死对方”的念头，此乃世俗婚姻的常态。

[1]

我们这一代人，一旦成年后，难免会回头品评上一代人的婚姻。

看过一份网络问卷调查，里面说参与了调查的大部分年轻人，在评价自己成长环境时，半数以上认为自己父母其实“缺乏共同语言”“价值观有差异”“不会好好说话”以及“总在争吵”。

最后居然超过60%人的认为自己父母过的是“将就的婚姻”。

既然看不到原始数据来源，也就无从探知这份调查结果的可信度。一方面，老一辈婚姻在贯穿几十年的家庭生活中，往往展露出琐碎、庸俗、争执不断、横眉立目的一面；而另一方面，这种受诟病的婚姻组合之下却往往有着不可思议的稳固根基。

长久以来，我们一直认为这个稳固根基是所谓的“约束”，比如道德的约束、社会环境的约束、人际关系的约束。但或许我们轻视了约束之外，人性中最纯良、柔软和忠厚的一面。

[2]

我有一个朋友，她父母是截然不同的两种人：

父亲是大学本科出身的知识分子，搞设计的，母亲则只有小学文化程度。父亲知书达理，母亲则庸俗絮叨。母亲还有一个令人头疼的娘家，下面十个弟弟妹妹，成天闹幺蛾子——今天这个要闹离婚，明天那个要分房产，再后天最小的又中风住院了，求照顾。一年四季没有消停时候。

朋友母亲由于是大姐，一直是一家之主。嘴上对弟妹们杀伐决断，一旦家里有事，立马第一个到场，出钱出力，甚至拉上自己老公和女儿去帮忙。朋友不堪其扰，认为这种亲情已经明显超越了现代家庭的范畴、甚至触犯到了自己家庭的利益。

尽管她的父亲也认同她，可每当和母亲吵到不可开交时，父亲却又会替母亲讲话、打圆场，生怕母亲太生气。

朋友不止一次和爸爸抱怨：“您怎么反而向着我妈呀？”

结果她爸只是曲线救国地回答道：“以前没结婚时，你妈是本地人，出身好，心眼儿也好；我就一个穷人，身体还差。每天她干一整天活，分两个馒头，自己舍不得，只吃半个，剩下的揣出来给我吃，怕我饿肚子。现在她整这些，还是因为心眼儿好，别让她太生气。”

要说匮乏时期的馒头滋养了最初的感情，令人信服。

但要说仅仅靠这每天一个半馒头维系的几十年，外人眼里并不般配的婚姻，就略显牵强了。

翻译家傅雷曾说过的一段话或许可以为此做个注脚：“对终身伴侣的要求，正如对人生一切的要求一样不能太苛。因为凡事总有正反两面：追你太迫切了，你觉得负担重；追得不紧了，又觉得不够热烈。温柔的人有时会显得懦弱，刚强了又近于专制；幻想多了不切实际，能干的管家太太又觉得俗气……这一类的问题想必你考虑过不止一次，但我觉得最主要的还是本质的善良，天性的温厚，开阔的胸襟。有了这三样，其他都可以逐渐培养，而且有了这三样，将来即使遇到大大小小的风波也不致变成悲剧。”

[3]

以前我们公司也有个女强人咨询顾问。她成为全公司升迁最快的经理之一时，男朋友博士还没毕业，一天工作经验都没有过。

女强人一天到晚谋划着和男友分手，可不知是太忙、还是不忍下手，整整预谋了两三年，全公司都知道了，她也没分成。

后来真有一天分手了，刚分手没多久，女强人父亲偏巧就心脏病突发。她得知消息的时候人在新疆出差，忧心如焚，边买机票边硬着头皮给前男友求助电话。本来已经做好准备被摔电话，结果对方只问了情况后，就直奔医院。等她拖到第二天赶回北京的时候，一切都已料理停当。

后来他俩自然而然又复合了。同事们总以为这俩人性格、阅历、人生视野差那么远，早晚还得分，谁知俩人反而就结婚了。再后来上街偶遇过他们一次，俨然已是幸福的三口之家了。

女强人还是在全世界东奔西跑地做她的女强人，她老公博士毕业后继续在研究中心做他的研究论文，两个人的收入几乎相差10倍！

萧伯纳曾说过：“想结婚的就去结婚，想单身的就维持单身，反正到最后你们都要后悔！”

华盛顿大学的一项研究也表明：对于那些最初都非常相爱的伴侣来说，最容易导致他们分手的并不是大的困难，而是生活的琐碎。婚姻的失落和不满，往往来自于当我们满心欢喜地走进一段亲密关系，以为终于要开始享受更多的福利和权益时，对方却在期待你尽义务。

[4]

与恋爱不同，婚姻是一种更深刻的关系。

婚前你再怎么努力观察，对一个人的理解仍然是片面的，因为你们经历的在一起的时光，纵然有量的积累，但绝大部分仅仅是模式上的重复。

而婚姻却无时无刻不在制造出新冲突的源头和矛盾的触发点：

要不要买房？要不要办婚礼？怎么买？怎么生孩子？怎么养大？

这些永远伴随着“我要不要和他离婚”“他怎么会变成现在这样”的念头……

不断萌生新的怨念，不断被自己强行吞咽，然后化解掉。

而每次化解这些念头的原因，可能微乎其微到不值得一提：

可能是对方道歉了、可能是对方一个贴心的举动，可能你自己人说服自己忍下去了，也可能是你在辗转反侧中突然想起了以前的时光——仅仅存在于你内心深处最珍惜的、关于他的一点点好。

[5]

毛姆说，感情有理智所根本不能理解的理由。

正因为如此，任何一个局外人，如果“理性”去分析判断别人婚姻家庭的时候，得出结论，往往会和家庭的真正走向南辕北辙。

任何一段婚姻中，夫妻双方都必须应对堆积如山的压力和琐碎，这些没有一刻不消磨和分散着曾经的共鸣和爱意。

身边不止一位长辈，教育自己的孩子：“如果你俩没有吵过架，就不要结婚！”

因为在他们看来，只有双方在“交恶”的时候，才是人性暴露最彻底的时候——最初的善意是否还能在幽暗中发光，才是决定一段婚姻是否仍能继续维系的关键。

每段婚姻到最后，其实考验的都是人性中最健全或忠厚的部分。两个人在不断的相处磨合中、不断的沟通拌嘴中，彼此加深了解、进一步成长。

那些真正能够一起过上很久的伴侣，或许并不比其他人更追求爱的宏大。他们仅仅是在每个可能选择了转身分开的小瞬间里，最终选择了用善意和忠厚的一面去思考和对待。大部分相携一生的人，他们的感情生涯想必也都多次穿越过幽深荒凉的隧道，全凭轨道上行驶的惯性、和内心深处的一点幽光吧。

我们都要学会互相体谅

[1]

同学公司做了一个家具项目，找我写文案。他很急，每天微信电话玩命催，我连着三天加班到凌晨一点，累得大脑缺氧手指抽筋，昨天终于写好，给他送去。

到同学办公室时，他正接电话，我离他五米远，就听到了电话那头喷薄欲出的咆哮：马上节庆了，你迟一天我损失两三万！这是开玩笑的吗！我告诉你，周六之前出不来，这活你们就别干了，你赔偿全部损失！

同学点头哈腰地解释：我都清楚，只是时间确实有点紧，我们也一直在加班，我昨晚弄了个通宵……

挂了电话，他对我苦笑：客户都是爷啊。

[2]

然后我们就赶紧讨论文案。期间涉及设计图的问题，他喊来负责的小姑娘，让她马上把图打印出来。

小姑娘面露难色，说才做了一半，还拿不出来。

同学立刻急了，劈头盖脸凶她：这事儿多紧急你知道吗？现在全卡你这儿，耽误一天就两三万！你一个月工资够吗？

小姑娘也委屈，说这个图挺复杂，一时半会儿出不来，我今天早上六点就来干活了，到现在早饭还没吃。

同学说，我不管，你两小时内必须给我。

小姑娘苦着脸去干活。

我出去喝了杯咖啡，掐着快到俩小时了，就返回同学公司去继续讨论文案。

路过小姑娘办公室时，我无意中看到她在跟送外卖的发飙：说好的半小时，这都快一个小时了，你是爬来的吗？我要去投诉！

外卖小哥一个劲儿道歉，说太对不起了，今天叫外卖的有点多。

小姑娘火很大：我不管，你们做不到就不要承诺！今天必须得投诉！

外卖小哥快哭了，说你别投诉啊，一投诉我奖金就没了。我也不容易，一天要送一百多份饭……

小姑娘的设计图晚交了四十分钟。同学又要发火。我劝着，说咱别逼她了，她也不容易。

同学说，我不逼她，客户逼我啊。

想想又说，我其实也理解客户，他的家具生意也不好做，现在人都多难伺候。

我忽然想到，这位客户要伺候的，也可能就是快递小哥之类的人吧，他在买家具时，可能也是挑剔苛刻的，有一点划痕不行，晚送一天不行，尺寸出了错更不行。一旦不满意，他可能也会大发雷霆。

[3]

世界也许就是这么陷入恶性循环的：我逼你，你逼他，他又逼我。大家都在苛责别人，也都在被别人苛责。轮回之下，个个都活得很辛苦。

尽管很多时候，我们确实是享受了别人尽善尽美的服务，比如去餐厅吃饭，服务员会热情周到，厨师会尽力把菜做好，稍微咸点你就可以让他倒掉重做。但是另一方面，我们也在为别人服务，别人也会要求你尽善尽美，你挖空心思设计的方案，对方有一点不满就可能让你推翻重来，而且时间还不能晚。

世界大体是平衡的，你享受了额外的优待，就得付出额外的辛苦。

这种一面被簇拥，一面遭痛骂的冰火两重天的感受，其实并不令人愉快。

那么，如果自己不想被苛责，首先就不要苛责别人了。尽量的，放低些要求，体谅下那个为你做事的人。

外卖晚点送到就晚点吃，没什么。

网购的衣服上有两个线头，剪掉就行了，没什么。

员工迟到几分钟，提醒一下就好，别太较真。

请人设计方案，多给点时间，不满意也好好说，别发飙。

……

无关紧要的事情，多给别人留点余地，让大家都从容点。

你不逼他，他就不逼我，我也就不逼你了。虽然社会规则远比这复杂，但我们还是应该尽己所能，去建立一个良性循环。

生活本来就辛苦，我们何必再苦苦相逼。

生活中的小事，也值得你干杯庆祝

没有任何一种人生可以高枕无忧。

物质饱满的要追求精神丰盈，天资聪颖的要懂得后天维护；缺乏战略的要找准方向，拙于耐性的要扎根深入。抵达和渴望之间始终流动着生命本来的追逐力，一个人蜉蝣深渊，会瞅准时机蓄势待发；一个人身处高位，更要时刻提点自己居安思危，不能沦为情绪的附庸。

希望你过得安稳，但不仅仅指传统意义上的朝九晚五。

拥有一种源自内心的淡定从容，才是支撑起我们庞大生活明快脚步的根本。

[1]

大学毕业后，选择回到家乡的同学们陆续考上了公务员。贺小姐就是其中一个，她立马成为大人们饭桌上热衷讨论的“别人家的孩子”。

一般来说，这种“别人家的孩子”只是讨喜长辈，可偏偏贺小姐也俘虏了一众同龄人发自内心的认可。她原是平辈中的佼佼者，这么说，倒不是指她傲人的成绩、肯下功夫的骨气，而是她对于人生的多角度规划总是能够令人觉得惊奇。

贺小姐聪慧、平静，不是“一根筋”，大学读的金融，毕业后同时给了自己三个选择——考研，考公务员，如果前面的二者不能尽如人愿，她就打包好行囊来北京闯荡。这样看来，任何结果都是收获。

考上公务员之后，贺小姐做的第一件事是去报了尤克里里吉他班。音乐，是她许久以来的心愿。她是拎得清主次的人，知道在什么阶段，力气该往哪里使。过去两年，因为要把时间重心放在背书做题应战国考上，只好暂时将自己的兴趣藏在仙女棒里。如今，一见星斗，便倾泻出满地醉人的江湖。

这个社会上，有太多在稳定状态下浑噩度日的人，他们其实并没有获得纯度的愉悦，只是习惯用手边的白粥来抚平内心翻滚的油汁。所以，我们看到很多人的眼神，都是同样的空洞、同样的麻木，就像岁月流水线上批量生产出的人形木偶。贺小姐，不愿做“人偶”。

在她看来，考上公务员不过是个开始。端起“铁饭碗”，没什么大不了，能够依靠自身打造出一个不可替代的铁饭碗来，才踏实。所以，考上公务员之后的她，该看的书继续看，该啃的理论继续啃，该学习的丝毫不敢懈怠。她说，“因为不知道未来究竟会怎样，所以时刻提醒自己不能掉以轻心。”

如果有一天，离开体制，抛开平台，自己还能剩下多少价值？这或许是每个年轻人都应该思考的问题。

[2]

F的孩子快三岁了。过了哺乳期，她打算重新回到学校做老师。有人不理解她，为什么不好好在家享受全职太太的潇洒日子，偏要挤回职场这个大油锅？仿佛每个工作的人都活得水深火热。

F来问我的意见，我反问她，“你为什么想回去工作？”

她想了想说：“大概，还是不习惯这种温水煮青蛙的生活。”

F的家庭条件不错，就算是不工作也能享受得起小资青年的宽松阔绰。她的爱人思想很开明，认为每个人都有自己偏爱的生活方式，无论是整日围绕灶台，还是穿梭在山川湖海，他都会无条件支持F的选择。当然，F很爱家庭，她之所以想要回去上班，不是出于经济压力或者流言蜚语，只是对她来说，工作同样是生活的一部分。没有了，就空落落的。

容易满足和沉溺其中是两码事。真正懂得珍视自己所拥有的一切的人，不会只是一味消耗所爱。

结婚后，亲朋好友们常常对F抱以羡慕之辞。“瞧你多悠闲，不用上班”“再也不用熬夜赶PPT了”“你这一生啊，一眼望到底，都是享不尽的福气了”——最后这句来自前同事的话落进了F的耳朵里着实尖锐，一眼望到底，这样的安稳真是我想要的吗？F不禁有些气馁。

这么久以来，她一直觉得在生活平和祥静的表象之下，哪里对不上位。一些隐约的焦虑，来自于对舒服浅尝辄止的免疫。

“舒服”是一种很大众的说法，仔细说来，其实“舒服”包含了三种感觉：快乐、幻想和放松。

快乐太满，容易乐极生悲。幻想太强，容易迷失方向。放松太久，容易丧失力度。

过去F是职场上脚踩风火轮的拼命三娘，研究课题，四处家访，关照每一位学生的身心健康。和孩子们在一起，所回馈给她的成就感亦是她填补生命空洞的价值所在。那个时候，虽然整日为了班里的同学手忙脚乱，内心却是踏实的。现在，虽然以一个母亲的身份陪伴在孩子身边，温情与亲昵，令她不由自主地感受到欣慰，但总觉得，这样的生活不完全是她想要的。

我再见到F的时候，她已经回到了学校，整个人看起来神采飞扬。说起近况，她一溜烟儿地给我讲了好多班级趣事，末了，给我翻出手机里儿子的照片。“刚开始我去上班，他总是闹呀闹的，不和我说话。后来习惯了几天，突然在某天清晨我即将踏出门的那刻，他跑过来，‘吧唧’亲了我一口。我想，他是支持我的吧。”

“也是那个时候，我突然意识到，原来，所谓的岁月静好，不是保持不动弹的姿态，而是在折腾的时光中，还能有人陪伴。”

[3]

为生活中所有美好的小事干杯，也对美好的背后居安思危。

这个时代太快了，每个路口所给的绿灯时间非常有限。如果你不能在规定时间内，以轻快的步伐、矫健的动作和审视周边的反应能力抵达对面，就会被困到斑马线中央。眼睁睁看着自己的同伴穿流而去，而你，只能等待下一个绿灯亮起。

我们和想要的生活之间，常常隔着一些东西。无知的念头，自身的惶恐，现实的傲慢，无能为力的失重感，这些都有可能成为阻挡我们向前的羁绊。在这个过程中，要尽量试着跳脱以往看待事物的习惯。站在离眼前生活状态一英尺以外的地方，答案自会出现。

考上公务员，不是终点站。结婚生子，亦不是尘埃落定。

一个人，内心要有所支撑，才算真的安稳。

谨慎的背后
其实带着成熟

吃饭的时候，小A说起宝鸡的一位舞蹈老师夜跑失踪，警方发布警示：提醒女性朋友出门注意安全。随后她讲了些女士出门的安全小技巧。一个小妹妹不以为然，随口说："哪有那么多注意安全的，不能不出门了啊。"

小妹妹正是在天不怕地不怕的年龄，我们的"注意安全"在她看来不过是畏手畏脚。

小A说："多注意一点没有错。有些事，我们不能去冒险，因为输不起。"然后讲了她身边发生的事情。

十年前，她的邻居，一个幸福的三口之家。有一天傍晚，邻居家十三岁的小女孩，下楼去院子里找同学玩，跟妈妈约定一个小时之后回家。但是小女孩再没有回来。一年之后她的爸爸妈妈也在争吵和悲伤中离婚了，一个好好的家庭散了。

三年前她一个同学的同学在某单位实习，六点下班和平常一样走路回家，在路上离奇失踪，至今没有任何消息。爸妈瞬间满头白发。

这样的悲剧在网络上看到过，有时候觉得离我们好像很遥远，过去并没有太多的防范意识。但是像小A所说，有些事我们不能去冒险，因为输不起。

随着年龄的增长，我们经历得越多，也不可避免地越来越胆小；害怕的事情越来越多，也越来越谨慎。

小时候，怕黑，怕虫子，怕老师训斥，怕生病，怕回家爸爸妈妈不在家。但是在生活中似乎没有害怕过坏人，没有害怕危险。

最胆大的时候应该是在二十岁左右，可以毫无准备地去陌生的地方，也不怕晚上出门，跌跌撞撞做各种事情。那时候好像什么都不怕，脑子里甚至没有危险的概念。

然而胆量并不是一直增大，而是像一条抛物线，很快开始下滑。现在反而不如几年前胆大：害怕得越来越多，做事情也开始畏头畏尾，更谨慎，敏感。

记得刚上大学的时候，妈妈交代我晚上八点以后不要一个人出去，如果出去的话，一定要保证安全，要有男生同伴。

那时候我哪里听得进去这些话，晚上出去总是没有过多地考虑安全问题，有时候也会自己一个人回来或者跟几个女生朋友一起玩到很晚，然后毫无防备地在路上说说笑笑走回学校。一个人旅行，一个人住青旅，一个人搭车，防备心理很弱，没有多少安全意识。很多事情想起来后怕。

在大学刚毕业那一年，跟同学聚会之后十点半回去。同学把我送上出租车，然而那是一辆伪装成出租车的黑车。司机一直问隐私问题，还总是要拐弯偏离路线。然后我观察到计价器是不会动的，副驾驶座上没有贴工作执照。我紧张起来，在车上也不敢声张。借助手机导航，死死地盯着路，装作若无其事的跟他聊天。一路捏着一把汗，悄悄联系一个男生朋友，冒充老公在半路上接到我，悬着的心才落下来。

一直大大咧咧的我，第一次感到害怕。突然意识到很多不好的事情，并不是不会发生，之前碰巧没有发生在我身上，是我运气好。但是在生活中，没有谁会一直幸运。

那天回到家后我瘫坐在沙发上，给妈妈打电话，说一些吃饱饭穿暖衣睡好觉之类的话，才安下心来。

当天晚上睡觉之前看到新闻，在东大街闹市，一个二十岁的女孩跟人摩擦被砍倒。我首先想到的是，她的家人知道失去女儿的消息要成熟多大的心痛？

长大后，我们变得越来越胆小，并不是懦弱，是越来越懂得责任。

当我们发现危险和死亡不仅仅是自己的事，还影响到亲人，会给他们带来巨大伤痛的时候，我们就会变得胆小，变得谨慎，而这，绝对不是懦弱，而是一种成熟。

我到外地上学，可能是水土不服，瘦了十几斤。放假回家妈妈看到我心疼得抹眼泪。一个月的寒假硬是把我养胖了。

大三一天晚上爸爸给我打电话，说他刚才接到一个陌生电话对方声称是我朋友，说我出事了需要医药费。我对爸爸说这明显是骗局啊，你直接挂了。妈妈在旁边说："你爸呀，听到你出事了就紧张起来，还让她照顾好你呢。你没事就好。"隐约听到爸爸对妈妈说："你不是也紧张得把花瓶都打碎了……"

2008年地震暂时失联后，晚上打通电话爸爸妈妈听到我声音时的激动和感慨；小时候一次不小心摔破头流血很多，妈妈一直守着我泪流满面；我失恋后精神低迷时全家人一起想办法帮我转移注意力……

回想很多事情，当时觉得爸爸妈妈大惊小怪，甚至会有点不耐烦。但是现在理解了这种担心和敏感。在他们心里，我就是全部，太在乎，自然会紧张。

其实自从离开家之后，爸爸妈妈总是对我有那么多那么多的不放心：叮嘱我晚上要十一点之前回家，出去玩总是要每天汇报行程，太疲惫的时候嘱托多休息。我在哪里，他们关注哪里的天气预报，我在哪里，他们留意哪里的新闻。他们知道西安北郊的水质不好，他们知道3号地铁线路过我公司，他们对西安的pm2.5值知道得比我还清楚。

以前不理解爸妈的做法，甚至认为很多关心是多余的。但长大之后，当我开始同样紧张她们，才确切地体会那种发自本能的关注和在乎。

一次打家里电话无应答，打爸爸妈妈手机也都没有人接听。突然开始坐立不安，给表哥打电话，开口就问家里出什么事了？怎么找不到她们！实际上只是他们跟朋友聚会的地方没有信号。

一天晚上梦到妈妈在医院里，醒来怎么都睡不着了，等天亮立刻拨打妈妈的电话，确认没事才安心睡下。

虽然在爸妈眼里，我永远是一个孩子，但是我清楚地意识到，爸爸妈妈老了。这种意识越来越深刻，想要像小时候他们照顾我一样照顾他们，也不知不觉中像他们紧张我们一样紧张他们。

我也开始嘱托他们天凉了晚上睡觉关好窗户，叮嘱他们多出去活动活动，要求爸爸少吃盐妈妈少吃肉。逛街看到保健品想买给他们，也惦记着他们的生日和一些纪念日。当然，也知道报喜不报忧，告诉他们不用为我操心我很好。

与此同时，我开始注意晚上不独自出门，公共场所观察周围的环境，开始习惯吃早餐，注意锻炼身体。以前妈妈苦口婆心说的话，现在全都被我实践在行动中。我害怕我有什么不好：怕我身体不好他们着急；怕精神不好他们担心；怕我过得不幸福，他们比我还难过。

知乎上一个问题：独生子女是怎样一种感受？一个回答结束了话题：不敢死，不敢穷，不敢远嫁，因为爸妈只有你。

“因为爸妈只有你”，这也是我们越长大越胆小的原因。随着年龄的增长，我们变得越来越胆小，我们怕死，怕穷，怕远嫁，怕其他之前不怕的事情。

我甚至开始怕身体不好，不能陪他们一起走完许多路。因为我不是一个人，如果我有什么不好，会有人比我更难过。我的胆小，是懂得了责任。那些不负责任的勇敢，跟十八岁一样，渐行渐远。

越长大越胆小，这绝不是懦弱。

胆小的背后，是慢慢懂得的责任。谨慎的背后，是渐渐学会的成熟。

别让你的言语给别人造成不能弥补的伤害

在一个村子里有一个年轻人，这个年轻人极其优秀，可是他有一个致命的缺点：经常对别人出言不逊。他的父母和朋友总是劝他，他总是说："这有什么大不了的，不就是几句话么，有什么值得大惊小怪的？"然后依然我行我素。

一次村子里来了一位僧人，年轻人对僧人说了一句很不尊敬的话，别人批评这个年轻人，年轻人振振有词地说道："不就是几句话么，我向他道歉不就可以了吗？"僧人听了微笑着对年轻人说："我给你讲个故事吧！"好多人包括这个年轻人都围在了这个僧人的旁边，准备听僧人讲故事。僧人顿了一下开始讲故事：

有一个人养着一只从小就从深山里捡回来的狗熊，他一直养着这个狗熊，可是有一天这个狗熊把邻居家的一片玉米糟蹋了，邻居找上门来。他很生气，拿起棍子对着狗熊就是乱打，而且边打边骂：畜牲始终就是畜牲，我白养你了。打完后，他把狗熊赶出了家门。

第二天的时候，他又后悔了，可是狗熊已经走进了后山。

他很后悔，可是再也找不到狗熊了。在一次上山打猎的时候，他碰到了一只老虎，手无寸铁的他闭上了眼睛。突然他听到了搏斗的声音，睁开眼睛一看，原来是那只狗熊回来了。狗熊把老虎赶跑了，他高兴地上去爱抚着狗熊说道："太好了，上次我打了你还疼吗？你跟我回去吧！"

狗熊说：“早就不疼了，可是你说过的那些话却还在让我疼，而且很疼很疼。”狗熊说完头也不回就又回到了后山中。

僧人的故事讲完了，大家都在感叹说过的话竟然会有这样大的伤害，唯独这个年轻人却是一副不屑的样子，僧人又从口袋里取出了几颗钉子对年轻说：“你去把这几颗钉子钉在树上。”年轻人按僧人的话去做，把钉子钉在了树上。

年轻人刚回去，僧人又说道：“你去把钉子取下来。”年轻人没有说什么，又回到了树下准备把钉子取下来。可是年轻人费了半天的劲，用各种工具折腾了半天才取下了一颗钉子。

僧人来到了年轻人身边，用手指着那个钉子留下的痕迹说：“就是拔出来，那又能怎么样呢？树干上不是还留下了深深的伤痕吗？就像那个故事里的狗熊一样，虽然棍子留下的疼早已消失了，可是那个人说过的话对它的伤害却是终生难忘的。”

僧人又看了一眼年轻人，接着说：“对别人有所伤害的话，就像钉子一样，尽管你能取回来，可是你留给别人的伤害就像钉子留在树上的疤痕一样是永远消除不了的。”

年轻人听了，顿然大悟，他说：“我现在终于明白出言不逊对别人会是多么深的一种伤害，谢谢大师的指教。”僧人听了点头称是，然后飘然而去。

世界上对别人最深的伤害永远是语言，当我们对别人出言不逊的时候，也就是把钉子钉进了别人的心中，而且这样的伤害是永远无法弥补的。

永远珍惜自己的每一句话，因为语言对别人造成的伤害永远无法弥补。

勇敢踢掉
人生的绊脚石

我们能做的，

只有离满身负能量的人远点。

别指望别人照亮你，

你要内心自带光源。

成功路上，需要你不断突破

今天见到单位里一个新报道的学妹，同校毕业，便上前寒暄了几句。看着她青涩地叫“学姐”的样子，才突然发现，时光匆匆，自己都已经工作两年了。

在这两年里，从最初的不适应、上班恐惧症，到现在的得心应手甚至被视为单位的青年骨干，我觉得自己得到的不仅仅是工作经验，更宝贵的，是思维方式脱胎换骨的转变。

[选择比能力重要]

我曾经一度以为勤奋是通往梦想的唯一道路，但是工作后的诸多见闻和感受让我发现，事实并非如此。

毕业第一年我过得很辛苦，除了上班，自己还开了一个咖啡馆。当时内心的文艺情怀爆棚，觉得咖啡馆就应该坐落幽静之地，不争不闹，静候每一个恰好遇见的客人。连发传单做团购这样的事，我都不愿做，觉得俗气。咖啡馆团队的能力很强，咖啡做得特别棒，并且精益求精地配备了最好的咖啡豆和最纯的各种物料，坚信有品味的客人自会感受得到。

但是，在厦门这样一个高租金高地价的城市，我的经济情况撑不起我的理想主义情怀。我很快陷入了被动的境地。

此刻我开始观察与我同时起步的一个蛋糕品牌，一年时间不到，它就已经迅速盈利并开启了第二家分店。与我不同的是，它选择的主要阵地是互联网平台，微信、淘宝、饿了吗等各种APP。借助这些平台，它的客户圈打破了小社区的局限性，整个城市的客户资源都可以为它作用。城市地带的客户群一般都压力大休息时间少，在同等美味的基础上，方便快捷才是他们的首选。

它的选择对了，于是他走得比我更快一些。

在工作中也一样。每个人的能力差距并不会太大，但选错了会绕一大圈弯路。每接手一个新项目，我们更应该花时间研究的是选择的方向。例如咖啡馆营销这一块，大中型城市也不同于小乡镇，小乡镇讲究安逸，但大城市追求效率，适当开发利用城市的互联网发展优势，能够让咖啡馆更好地生存下去。

[靠近那些比你优秀的人]

和优秀的人在一起，你会越来越优秀，这是一句老话，但说出了朴素的真理。因为在潜移默化中，他们的行为方式会影响你的生活。

他们一般都很自律。你“葛优瘫”刷微博逛淘宝的时候，他在你身边快速翻书做笔记；你早上赖床不锻炼不化妆踩点到单位的时候，她已经神采奕奕唇红齿白地坐在办公室列好了今天要做的一二三四……

这些个时刻，你会不好意思的。这样意志力坚强的人，大多都是行走的鸡汤，你看着他们坚定不移的样子，下意识就会忍不住想向他们学习，期待变得像他们一样酷。

他们一般都有见解独到的思考，这是常年看书与实践的结果。当你人云亦云蜚短流长时，他选择沉默，因为他知道随意评价不确定的事实没有意义；当你千篇一律地处理事情时，她选择标新立异，创新的思维与精彩的发言惊艳四座……

这些个时刻，你会慢慢被推着去反思自己，当你的才华还撑不起你的梦想，就静下心来好好学习。

他们还有各自擅长的领域。他演讲能力强，她PPT做得好，他写的文章行云流水，她的交际能力特别强。这些优点，都会让你看到自身的不足，而他们，就是你最近的学习榜样。只要你愿意观察，你总会有所收获。

两年前我也曾是个很内向的人，但现在改变了许多，因为我的导师是一个自信开朗的人。也因此，我受到了很多影响，当然也在于我自己愿意尝试改变。

甘于平庸与淡泊名利是不同的，前者大多是并不优秀且意志力薄弱的弱者，后者则是过尽千帆阅遍人生的强者。

[学会拒绝，二十多岁的光阴没有几年]

大部分人本科毕业，都有23岁了吧。在30岁之前，体力与脑力都最好的7年时间里，工作前期混沌迷茫，恋爱结婚，怀孕生娃，真正属于你的最好的光阴，其实没有几年了。这样想想，你还觉得年轻的日子可以随意挥霍在并不重要的人或事上面吗？学会拒绝，是你从稚嫩校园走向社会职场的必修课。

拒绝无聊的聚会。工作之后你会发现，下班后的各类聚会会占用掉你大部分时间。最开始你会觉得这是沟通感情加强联络，然而时间久了，你发现天天喝酒唱K闲聊的日子费时间费钱，而你还不好意思不去。

其实你不必这么纠结，可以直接告诉他们你的打算，两三次之后他们就懂了。也不要刻意疏远，第二天花几分钟聊上几句，比如昨晚玩得怎么样之类，大家就不会觉得你太过清高。

拒绝单位里无意义的杂活。现在很多心灵鸡汤都告诉你，要不计得失多干活，但这也要看情况的，毕竟人的时间和精力都有限，你应当做好取舍。如果是能让你的专业技能得到提升的事情，一定要去做，就算不是你的活，也要在老前辈那里多看多学。而像那种虚耗时间虚耗体力又没有收获的事情，偶尔帮忙可以，但长远来做肯定不行。

刚入职场的大学生都心软脸皮薄，交给你的事情不管自己能不能做到，都不敢说“no”，而有些单位里的有些老人恰恰就是看中你这一点，将自己的分内之事强推给你，这种情况可以用委婉一点的方式告诉他们，你也很忙。也许刚开始他们会不高兴，但是事情过了就好了，受益的是自己。

[干好自己的本职工作，像领导一样思考问题，像演说家一样汇报工作，像国王一样自信表现]

刚工作时认识一个很厉害的学姐，据说工作一年就立刻被提拔为领导，项目带得有声有色。直到有一次看她汇报完工作，才真正心服口服，那种自信气场会让你觉得，她简直说什么都是对的。

后来我天天混她的办公室取经，她慢慢教会了我做事的一些方法。

比如当你新接手一个工作而你又无从下手时，有一个好办法能让你快速上手，那就是利用你的一切可能性，问人也可以，上网查也可以，找到这个领域里大家公认的做得最好的案例成品，借鉴前人的智慧，恶补缺漏知识，模仿并加入自己的特点。

你最后的这个项目是要交给领导审批的，所以你要以领导的角度来反观自己的工作，如果你是领导，你想听到什么，你需要达到什么目标，然后再加以改进，精益求精后再提交，确保你交上去的是一份有态度有思考的工作成果，这样即便最后没有通过，领导也会觉得你是让人放心的靠谱好青年。

而工作做好了，会说与会做一样重要，不要小看汇报工作的环节，一些话换个方式来讲，会起到完全不同的效果。学姐说，汇报的那一刻，无论你准备得充分与否，你都要表现得非常自信，尤其是在实力悬殊较大的情况下，自信可能是拯救你的唯一神器。我就曾亲眼看见面试时，一个学历漂亮却支支吾吾的硕士生被一个末流学校毕业的本科生打败的场景，这个本科生言谈流利，自信满满，即便被问到并不擅长的领域，也能表现得不卑不亢。

所以，保持自信，练习演讲，如果你这方面的能力偏弱，可以多看一些演讲类的节目，比如当下很火的《我是演说家》等，每天抽一些时间在家练习大声讲话，最好拿手机录下来，观察一下自己有哪些小动作，加以改进。假以时日，你就会练出自己的强大气场。

工作两年，第一年我经常怀念学生时代，而第二年，我竟然已经很少再沉溺于大学的回忆里了，即将开始的第三年，希望能有更好的突破。

有人说，不停地怀念过去是因为当下过得不够好。我应该庆幸，这两年里收获满满。现在的生活忙碌又充实，经历的事，遇到的人，机遇里隐藏的压力与挑战，团队里优秀的人与思维模式，这些都足以填满你的生活，并让你热爱起当下的自己。

别让你的成功败在了焦虑上

你有没有过因为焦虑而优柔寡断、自我怀疑？开始一个新项目，或是想融入一个新的群体，心里会不会七上八下、忐忑不安甚至有些恐惧？参加徒步旅行俱乐部，或是加入自愿组织在网上晒自己的约会档案、减肥、写博客、把自己的爱好做成事业……这些事情看上去既有趣又有意义，你心生向往跃跃欲试，但最终是不是还是为自己编了一堆理由放弃，只因为其中可能存在的风险？是不是做了无数研究但就是没法做出行动把想法变成现实？如果这是你，那么焦虑和过度谨慎可能已经妨碍你追逐梦想、过上有意义且充实的生活。逃避只会恶性循环让你更加不自信，而开始行动则会建立正向回路让你自然而然减少焦虑。那么怎么开始呢？以下的策略提供了一条向前进的路，为你开启追求理想生活的第一步！

[不要坐等焦虑减轻]

焦虑植根于我们的天性之中，它不会自己减轻。人类的大脑生来就憎恶不确定性、不可预计性和变化，只是有些人天生焦虑易感性更高。然而当你顶着焦虑采取行动朝着目标迈进时，大脑会重新评估，并告诉你其实不确定性也没有那么危险，这就是成功的第一步。随着时间的推移，慢慢地你会建立一种自我效能感，即使感到焦虑，你也会认为自己有行动能力并且能够通过行动获得成功。

[设立适合自己的、符合实际的目标]

我们都有不同的性格、脾气和喜好。并不是每个人都想成为律师、朋友成群、跑马拉松、瘦成闪电或者坐拥豪宅。焦虑让你觉得自己没有别人有天分、有竞争力，甚至不像别人一样值得被爱。如果你不了解真正的自己，在设立目标时，你很有可能会仿照你的朋友甚至邻居，去做一些社会认可的事情或是满足他人的期望。这种情况下设立的目标很难成为长期坚持的目标，尤其是那些你并非真正热爱的事情。与其总是想你"应该"做什么，不如换个角度想想你真正想要什么，说不定你是个有创造力的人，或是想要生活工作平衡、想去旅行、活得更健康，又或者你只是想找个可心的人儿。不管你想要什么，想清楚，然后找到最容易的入手的事情行动起来。把目标用具体的可量化的方式表达，比如：下周散步三次，每次20分钟。切记，不要想一步登天，一口吃成个胖子，另外达成目标最好是内部动机驱动，而不是为了取悦他人。

[信任过程]

马丁路德金说过："信念，就是即使看不到长阶通向何方，却仍愿意迈出第一步。"

即使一开始没有，但只要你迈出了第一步，信念就会随之而来。做得越多，成功的可能性就越高，慢慢地你会相信自己，相信过程，相信世界。我的博客常常开始于我完全不知道要写些什么的时候。我知道只要我有东西要分享，并真心诚意地想帮助读者，内容自然而然就会出现。很多作家都会告诉你，刚开始写作的时候，随着焦虑慢慢减少，到最后只剩下故事和传递想法的纯真热情，这个时候你的想法和创造性的作品自然而然就出来了。这个道理同样适用于生活的其他方面，比如开始一份新工作、新项目、新恋情或是新的投资项目。

[不要小题大做]

面对风险，焦虑的人习惯性地关注坏的结果，而面对负性结果时，他们也更倾向关注这个结果到底会坏到什么程度。他们会想，去约会如果遇到奇葩怎么办？万一我看对了眼别人会不会再联络我？投资创业失败了怎么办？换工作投简历没有反馈怎么办？不换工作当前的状态又让自己痛苦不堪怎么办？这些结果都不是我们想要的，但是他们到底有多糟呢？比罹患癌症更糟糕？还是比家人离世更糟糕？我相信答案一定是“不！”那么你能挺过去吗？你有应对的策略吗？或者等下次换个方式再试试？我相信你可以的！焦虑让你过度高估了采取行动的风险，但是不是也该考虑考虑一直处在糟糕状况下的风险呢？时过境迁，回想当年，你是否会遗憾面对梦想，你竟然试都没试就放弃了？

[做自己的拉拉队长，而不是自我批评家]

追逐梦想是艰难的，沿途要面对无数不可避免的阻碍和失败。有些事情结果可能不那么完美，这时千万不要打击自己，给自己增加障碍。人生许多重要的成功都有些运气的成分在里面。我们只能控制自己，不能左右他人和环境。你可以为自己辩护，也会因此而受到批评和打压，但是这并不意味着你做错了什么。大脑天生就关注负性信息因为它的机制是以保护为中心，而不是提升为中心的。要克服这种偏差，你必须刻意关注事情的积极方面。认可自己的冒险行为、适应不安，或者当你想蜷在家里沙发上什么都不做时，表现出来。你不能控制结果，但你可以鼓励自己在过程中付出的努力，这样你就能一直保持动力。

有了这些方法，你可以开始试着掌控焦虑，而不是让它掌控你。不能完全摆脱焦虑一点关系都没有（好像也不太可能）。即便如此，你还是可以选择向前进，采取结构化的行动，从而构建心理韧性和自信，为获得充实、有意义的生活创造可能性。

这很不容易，但是我相信值得一试！

让你的善良有些锋芒

[1]

在西班牙的时候，同行的旅伴是个四十多岁的中年女人，两个女人在一起，时不时会探讨育儿问题，关于孩子的成长和性格养成，说不完的话题。

有一次，我们谈到一个问题，关于善良是不是一件好事，她和我说了一句话：善良是好事，但不要为愚蠢买单。

她给我讲了一个故事，关于她的儿子：

她儿子是城市里长大，高中之后去了县城。县城里的孩子朴实，没有大城市里的孩子，浑身洋溢着一种优越感，自然而然的，是许多人家境也很一般。

她们家境好，她很早就开始办企业，现在每年的收入也稳定，所以她的儿子在班上，几乎成了最有钱的孩子之一。

她儿子有一个特点，喜欢借钱给别人，这个同学钱不够了，借两三百，那个朋友家里出了事，就省下零花钱给别人。

她说，她觉得这样的善良是好事，但要懂得两件事：一、把钱借给真正需要的人；二、如果不是家里非常困难，麻烦一定要把钱还回来。

“借钱给别人，真正的原因是救急。不要因为把钱耗在那些高高在上，不想放弃现在的富足，一不小心又维持不了他的开销，而转身希望你支撑他一把的人。那不是善良，而是愚蠢。”

一个人最大的能力，是不让自己的善良为愚蠢买单。

[2]

我从小根深蒂固的思想里，有一种先人后己的思想。所以一直到我上大学之前，我都会悄悄把自己放在最后的位置，总觉得那是一种最大的善良。

如果没有朋友那件事，我大概一辈子不知道“愚善”是多么可笑。

有一年，我的一个朋友千里迢迢给我打来电话，她那时在外省的一所大学，她说，她只是觉得不知道该和谁讲了。

她们班上有一个同学家里很穷，拿着学校的助学金，每次在她面前讲述自己家庭的不幸。确实，一直到后来她们翻脸，她们家也还是很穷。

我朋友听过她家的经历，她说，可能是她听说过的最穷的。但她还是决定每个月从父母给她的生活费中，省下300元给那个同学。其实，我这个朋友家境也一般，工薪阶层，父母比较宠，几乎说什么就是什么了。

但她慢慢发现，自己省吃俭用，那个同学的开销却远远在她之上，一拿到助学金就开始买化妆品，衣服虽然比较廉价，但也没过多久就各种新衣服。食堂里也很少吃饭，常常和别的学院的人一起下馆子，用钱很快。

“她日子过得潇洒，我倒是紧巴巴的，实话实说，我每个月给她生活费，是因为她贫困，而现在我却发现，她是因为不够富裕，才需要我的钱。”

我听到她在那边委屈地想落泪。我也是那时才理直气壮地说出了，“我觉得你是时候断了她的念想”。

我说：“真得很穷，她可以日子过得节约一点，也可以去勤工俭学，而不是拿着你的钱，四处逍遥。一个人最大的问题，是不能‘愚善’，你力所能及，但也看他是否十万火急。”

人最大的问题，是本来想成为救人于危难的救护车，最后变成了别人搭乘的免费公交车，让他们过上他们想过的日子。

朋友不好意思开口。只能说，父母缩减了自己的开支，希望她能够去打工，所以怕是不能给她生活费了。

不高兴是自然的。那个女生一直到毕业那天，都没有正眼看过我的朋友。

[3]

你的善良，要给真正爱你的人；滥用的善良，就是愚善。

如果他穷困是因为不能降低自己的生活标准，麻烦不要用自己的生活标准去补贴别人。

如果他不高兴是因为得到的不够，麻烦先看看你自己有没有富足再给予他人。

如果他需要帮助不是那么焦急，麻烦先问问需不需要让自己牺牲太大的代价去先人后己。

先富带后富。最关键的是先富，而不是用自己的贫穷去换别人的富裕，用自己的拮据换别人的潇洒。

[4]

这些年，我私底下，也借过一些钱，但大多不是因为贫穷，而是因为实在十万火急。

一次是我一个朋友的父母生病，借了一万块，半年后归还的。

一次是我朋友办结婚酒席，省吃俭用四五年，硬生生差了8000元，然后我借给了他。

但我也拒绝过许多所谓的借钱，翻了好几次脸。最强的一次翻脸，是我一个朋友想卖掉开了五六年的车子，去买一辆60多万的越野车。而他的经济能力并不足以支撑他购买。

他说，能不能借他10万，因为他想买车。

我说，不好意思，可能我也并不宽裕。

他想了想说，我写借条给你。

我说，其实，你也可以选择贷款呢。

他看了看我，冷笑了一下，贷款，我要你这个朋友做什么。

我为什么没有借他：一、我并不觉得自己已经有钱到了10万元也是随随便便的时候；二、我并不认为，买这辆车是他的刚需。

是，我们至今也没有再往来。也好，如果钱是友情的绑架，我宁愿一无所有。

[5]

我很喜欢的一句话是：希望你的善良不是因为愚蠢。而你也要保护自己不因为善良而受伤。

聪明是一种能力，善良是一种选择。

我们总要为了自己，慢慢成长，让所有的善良都让自己丰满，而非血肉模糊。

你的脸上写满了焦虑，可真难看

[1]

这个学期开学后，就再也没见过朋友格子，约她逛街吃饭总是被放鸽子，不了解的还以为她做什么特工的工作，其实她就是一名小学教师而已。

昨晚十点，家里有人敲门，透过猫眼一看，竟然是格子！打开门，只见这个姑娘脸色苍白，毫无血色，全身上下散发着一种疲累的气息。

“你怎么搞的？从哪里逃难回来的？”

“唉，别提了，我好累，快崩溃了，今天特意来求你开导”。格子边说边窝进沙发里。

一杯咖啡的时间，知道了格子这个学期接的是一个超级差的班，几次小的摸底考试过后，这个班稳坐最后一名的“光荣”宝座。格子经常觉得自己在其他同事面前抬不起头来，甚至轮到班里升旗时以前引以为荣的国旗下的演讲都变成了让全校看笑话的时刻。

格子开始放弃了自己的周末休息时间，给差生补课，给家长开会，可是因为班里很多学生都是留守儿童，父母出外打工，开个家长会都是白发苍苍的爷爷奶奶来代替，很多家庭作业得不到很好的辅导，格子说有一段时间她觉得自己头发大把地掉，晚上想起来就整夜失眠。

格子好强，我一直知道。我们读书时格子向来不服输，所以她的各种焦虑放在她身上也是合理的。她为了提高成绩，管理班级严格，甚至为了补课将学生的体育、音乐等课变成语文、数学和英语课，放学后自己班的学生总是比别的班级晚20分钟甚至一个小时。周末她免费花一天半的时间给学生补，她以为上天不负有心人，她以为学生会知道感恩，她以为一切的辛苦都是值得的。

直到昨天，她偶然用弟弟的QQ进了自己班级的群，看了自己学生的QQ空间，发现学生心里的她完全就是一个李莫愁式的人物，什么变态狂魔，什么灭绝师太之类的称呼还有各种脏话。格子终于崩溃了，她觉得这大半年以来自己像一根上了发条的齿轮，不知道休息是何物，但是换来的结果却是如此让人寒心。

我说格子你是咎由自取，既然你从一开始就知道这个班级是差班，你又何必在意他人的眼光。班里的孩子基础差，那就慢慢来，每天补一点点，你又何必这样下猛药，这样将自己逼成这个样子，你的焦虑学生们都会看在眼里，只会是班里气氛紧张，全体焦虑，结果只会更糟糕。

“那我该怎么办？”在灯光照耀下格子的两个大黑眼圈更加明显。

“台湾作家张文亮有首现代诗叫《牵着蜗牛去散步》，你好好琢磨一下。你和你班里的孩子们真该好好放松一下了。”

不管是对待自己还是对待学生，过度的焦虑只会带来更加负面的后果。我想聪明如格子姑娘，应该会明白放松不等于懈怠，焦虑不等于进步的道理。

[2]

闺蜜群里，每天晚上慧子都会上演一场八点档连续剧。

无非就是她发现老公“可能”又出轨了，说“可能”是因为她没有确凿的证据，说“又”按慧子自己的话说她老公曾经和大学里的师妹有过短暂的

“暧昧”对话。

慧子恋爱四年结婚两年，按道理说感情基础良好，但是自从结婚后，她的焦虑似乎从没停止过。

她偷偷在她老公手机里装了个跟踪器，平时上班或者出差，每隔两个小时老公都必须发一次位置，如果和跟踪的位置不对，她就开始疑神疑鬼。

曾半夜趁老公睡着，试着用排除法一个个寻找蛛丝马迹，甚至给那些“嫌疑人”发试探的短信，有次发到一个老公的大客户那里，闹出了不小的笑话。

我们劝她不要对婚姻那么焦虑，放松一点，让对方感到窒息的直接后果就是越来越烦躁，然后恶性循环。

慧子偏不，玩跟踪器，查通话记录，查微信短信qq，什么没发现的话就松口气，一旦发现任何异样就开始不停追问，打破砂锅问到底的精神慧子在婚姻里发挥得淋漓尽致。

我不确定她老公还能坚持多久，也不确定他们那份爱在这种过度的焦虑下还能存活多久，有人说女性在婚姻里焦虑是因为缺乏安全感，事实上只有自己才是安全感的给予者，过度的焦虑只会对自己和婚姻产生负能量。

[3]

大学时一个师姐，出了名的拼命三郎，每学期伊始，都给自己定一条一条的目标，比如GRE进度，比如每天要看多少书，考什么证，论文数量。每天见她不是在图书馆就是在去图书馆的路上，节假日也不例外。

用她自己话就是每天24小时根本不够用，如果有可能每天只吃一顿饭的话会更有效率。

用功读书的一般分成两类人，一类是长远目标清晰，一步一个脚印条理清晰去实现；另外一种是没有固定的目标，人云亦云，焦虑心理驱使。

很不幸，师姐属于第二种。

别人考会计证时她跟风报了，别人考人力资源证时她也跟着去报，别人想出国考GER时她也觉得自己不能落后，也寒暑假不回家报了辅导班，见我报了心理咨询师，也跑来问我报考条件，听说最近又在做公务员考试的试题。

有天我忍不住问她是否有长远的职业规划，她一脸茫然的样子，说不知道啊，就是觉得你们有的我也得有，你们学习的时候我必须去学习，你们不学习去玩时我还要学习，跟你说也许你不懂，我只要看到别人有的我没有我就焦虑、压抑。

师姐大学四年没有交男友，用她的话说是完全没时间，她的全部重心全部放在了学习上，然后隔段时间就换一个目标，到最后没有哪一方面做得特别突出。

毕业那年，看到别人都成双成对，签了满意的工作，她又开始焦虑自己没有男友，恨不得马上抓一个异性和她在一起，焦虑自己那么努力，为何找的工作还没有那些不怎么努力的同学满意。

其实我想说，师姐如果一开始有自己清晰的未来规划，不那么三心二意，哪需要这么焦虑？只需要按部就班地学习，持之以恒为自己的目标努力，也完全可以充分享受大学丰富多彩的文化生活，何乐而不为？

［4］

工作上经常会面对很多陌生的来访者，很多是年纪轻轻的姑娘，她们都有一个共同的特点一脸上写着焦虑。有些是因为一段恋情，有些是因为学业，有些是因为婚姻，有些是因为工作，很多烦恼的根源都来自于内心的焦虑，继而发展为对未来的恐惧，对当下生活的紧张和难以掌控。

其实姑娘，你大可不必这样焦虑，很多当下你觉得特别为难的事等你走过了这段路再回头看也许真的就是云淡风轻，不论学业、工作还是感情。人生除了生死再无大事，在我们最好的年纪里，用自己最舒服的姿态生活，上进而不骄躁，自由而不迷失，独立而不偏执，坚定而不狭隘，努力做一个不骄不躁、灵魂散发着香气的姑娘吧。

计较的越多，失去的也会越多

一位长者讲过这么一个故事：有一个人非常幸运地获得了一颗硕大而美丽的珍珠，然而他并不感到满足，因为在那颗珍珠上面有一个小小的斑点。他想若是能够将这个小小的斑点剔除，那么它肯定会成为世界上最珍贵的宝物。

于是，他就下狠心削去了珍珠的表层，可是斑点还在；他又削去了一层又一层，直到最后，那个斑点没有了，而珍珠也不复存在了。

我们平时斤斤计较于事情的对错、道理的多寡、感情的厚薄，在智者的眼里，这种认真必定是很可笑的。

有一句歌词叫作“计较太多人易老”，我却觉得“计较得越多，失去得越多”。

朋友初涉社会，找到一个不错的工作，这份工作她很喜欢，兼具挑战性和稳定性，长远看来也挺有发展的潜力。她十分庆幸自己的好运，和同事混熟后，更觉得工作环境和人际关系都很不错。

一天，她和同事在聊天时，一位比她晚进公司的同事问她月薪多少，两人比较之下，她发现自己比同事的月薪少了一千元。

“那个同事比我晚进公司，工作能力又没我强，月薪竟然比我高！真是太过分了！”她生气地说，从此上班也失去了原有的快乐心情。她有种被打败的感觉，就连原来因为尽全力达成目标时所带来的成就感和踏实感也弃之不顾。那一千元夺走了她的自尊、内心平静和自给自足的快乐。所有的事都没有改变，只因为她觉得自己比别人“少了一些”。

有生活智慧的人，会有所不为，只计较对自己最重要的东西，并且知道什么年龄该计较什么，不该计较什么，有取有舍，收放自如。

10岁时，应该不再计较家里给的零花钱多少，不和别人家孩子比穿名牌服装。少不更事，和人家比吃比穿，还情有可原，年纪到了一个“整数”，就该懂事了。如果家计艰辛，穷人的孩子早当家，这个年龄的孩子已应该知道父母挣钱不易，纵不能“提篮小卖拾煤渣”，也不可再给爹娘添堵心事了。

20岁时，该不再计较自己的家庭出身，不再计较父母的职业。十几岁时，会和别的孩子比家庭出身，比父母官大官小，恨不得都投生帝王之家，也是人之常情。但到了“弱冠”之年，尚无自立之志，出身贫贱而自卑，老觉得抬不起头来：出身豪富的还处处依靠父母，在家庭荫护下养尊处优，那就离纨绔子弟不远了，会一辈子都没出息。

30岁时，已成家立业，为人父为人母，有了几年家庭生活的经验，丈夫该不再计较妻子的容貌，深知贤惠比美貌更重要，会过日子的媳妇比会打扮的媳妇更让人待见：老婆该不再计较老公的身高，明白能力比身高更有作用。

40岁时，该不再计较别人的议论，谁爱说啥就说啥，自己想怎么过就怎么过。

50岁时，该不再计较无处不在的不公平之事，不再计较别人的成功对自己的压力，不再觊觎他人的财富。半百之年，曾经沧海，阅人无数，见惯秋月春风，不再大惊小怪，历尽是非成败，不再愤愤不平。

60岁时。如果经商，该不再计较利大利小，钱是挣不完的，再能花也是有限的，心态平和对自己身体有好处；如果从政，该不再计较官大官小，退了休，官大官小一个样，都成了退休老干部；如果舞文弄墨，当不再计较文名大小，文坛座次，毕竟“文无第一，武无第二”，只要心情愉悦，有感而发就行了。

70岁时，人到古稀，该不再计较的东西更多，看淡的事情更广。年轻时争得你死我活的东西，现在只会淡然一笑，中年时费尽心机格外计较的东西，如今看来已无关紧要，一生多少事，“都付笑谈中”。

无须在意他人的指指点点

[1]

前些日子，跟许久未见的朋友聚会，问到她最近在做什么，她说她辞职了，在家专职做微商和代购。

我听到这个消息感到很诧异，因为她之前的工作虽然不算特别好，但也算是稳定，工资也比较高，升职加薪也都在计划之中。而微商和代购，在外人眼里看来总不是一份正经的工作。

我本着朋友的名义劝了她两句，她却说，其实在她刚开始准备做的时候，周围朋友、亲戚的劝阻声就没断过，甚至有很好的朋友威胁她说，只要她做微商，就要把她的朋友圈屏蔽。但尽管如此，她还是坚持做了下去。

“我决定做微商，是经过慎重考虑与市场分析的，我知道自己在做什么。而且，我的成功与失败，都与别人无关，那我何必要在意别人说什么呢？”

听她说完这句话，我便在心里给她点了个大大的赞。不管将来她做微商是否成功，我都相信她未来会有所成就。因为这句看似桀骜不驯的任性话，实际上却显示出她勇于担当的个性。她知道自己想要什么，并且懂得为自己的选择与人生负责，知道没人能够为她的人生买单，所以她走的每一步自然会更加慎重。

一些人总是会害怕选择，面对别人的建议和流言蜚语时，也总是会摇摆不定、心中困扰，其实有时往往不是因为他们不知道自己想要什么，而是因为他们害怕承担选择的责任。

正像很多读者会问，如果现在我不听他的，未来发现我选错了怎么办呢？

那么我就要问你了，如果现在你听了别人的，未来你选错了，你又能怎么办呢？

你是不是以为到时你终于可以说出“看，当初正是因为他的建议，导致我现在走错了”这种话，来指责别人、逃避自己的责任呢？你是不是还沾沾自喜觉得自己曾经是对的？

然而，最后到底是谁走错了呢？是你，而不是给你出建议的人。是谁需要承担错误的责任呢？是你，也不是给你出建议的人。

既然道理你都懂，那你又何必害怕别人的流言蜚语呢？别人无须为你的人生承担责任，也无法从你的成功中真正获利，那别人说什么对你又有什么实际的意义呢？

你会说，别人是为了我好啊，我当然要听。但是你要明白，这个世界上除了你的父母至亲，没人能真正地为你着想，就算是那些看似善意的建议，背后可能也多少藏有私心。这不是对别人的恶意揣测，而是我们需要正视的人性弱点。

之前听说过一个朋友的故事，她上大学的时候，一直很纠结是去音乐院校学音乐，还是去正宗大学学文化，而她的一个亲戚却总是竭力劝她去学音乐，后来她才从别人那里听说，那是因为她亲戚觉得她歌唱得并不好，学音乐也不会有什么成就，而上大学则有可能比她优秀，亲戚害怕她比自己优秀，才竭力劝她去学音乐。

任何人都会优先为自己考虑，同样的，这个世界上真正能为你考虑的也只有你自己，就算是你的父母至亲，也不能切实的从你的角度去考虑问题。既然如此，你又何必去在意别人那些或许都不知道是否是为你考虑的建议呢？你又何不去自己做选择、主宰自己的人生呢？即使你的选择是错的，你也要知道，你的选择一定是比任何人都为自己考虑的选择，所以再错，主观上也比其他人的要对，只是客观上可能考虑不周，但只有你自己选择过了，下一次选择你才知道怎样才能更周到。

[2]

而且，如果你很清楚你的目标是什么，那你就更没必要害怕别人的言论了。

我写文章写了一段时间后，有个朋友对我说，“你原来的文风还是挺独特的啊，为什么现在也开始写这种烂大街的鸡汤文了呢？”

说实话，最开始听到这话时，我也迷茫了一段时间，也曾自问过我为什么要写烂大街的鸡汤文呢？

但过了一些时日，我便想清楚了，我仍旧会尊重并且感激这位朋友的建议，但我却不会再为此苦恼，因为我知道我写文章的目的到底是什么。

如果你写文章的目的是希望能从中赚钱，那你就去研究市场、研究哪种文章最火，那时你自然不必在意别人说你为什么要去迎合市场、为什么写文章要这么功利，因为你的目的就是迎合市场，别人这么说，你反而还要感到开心。

如果你写文章的目的是希望有朝一日能成为作家，那你就去苦练文风与文笔，并始终坚持自己的写作风格，那时你自然不必在意别人说你为什么写文章那么偏都没人看，因为你的目的不是要去迎合他人的喜好。

如果你写文章的目的是希望抒发感情、表达想法，那你就随心所欲地写，那时你自然不必在意别人说你为什么文章三观不正，因为你的目的是为了表达自己的思想，而不是为了写一篇大家都赞同的文章。

就像是如果你今天想要熬梨水喝，你就会去市场买梨，但小贩却不停地向你推销苹果，并说今天的梨怎么怎么不好，此时你自然也不会因此而去买苹果而放弃买梨，因为你明知道你想要买的是梨，别人跟你说再多你也不会在意。

[3]

记得前一阵看到一个关于山口百惠的纪录片。向年轻人说起山口百惠大都是不知道的，但年长一些的就会对她印象很深刻。她就是80年代轰动中国的日本电视剧《血疑》的女主角。漂亮温柔的她在拍完《血疑》后几乎成为日本的全民偶像，事业达到最顶峰，但也就是在这个时候，她却选择退出演艺圈，做一位相夫教子的家庭主妇，从此再未复出。

当时舆论一片哗然，太多人劝她不要息影。但她说的一句话却让我为之震撼，她说，“女人真正的独立，是思想上的独立”。

山口百惠说，她儿时的梦想就是有一个幸福的家庭，然后相夫教子、做一位家庭主妇。或许做一位职场新女性，是别人眼中所认为的女性独立的表现，但这不是她的梦想，如果听从别人的意见，自己心里没有主意，那又怎能叫真正的独立呢?

因此，希望你能想清楚自己的所求，并坚定自己的选择，不再被他人的流言蜚语所困扰与苦恼。

离那些负能量远一点

不知道你有没有遇见过满身负能量的朋友?

我和小姚结识于一个朋友的聚会,因为有过几段相似的经历,所以一见如故,成了朋友。

那时候她刚毕业,进了一家公司。她几乎每天找我聊天,内容无一例外,都是跟我抱怨工作上的不顺心。

给客户的月报出了问题,上司没有及时审核却把责任统统推给她;同事似乎看不惯她名校研究生的高学历,时不时挖苦她;和老员工共同完成任务时,对方拈轻怕重,以为她不懂情况,故意把十分之七的任务量都派给了她;经常临时有任务,她连请个假都要时时带着电脑,因为上司会随时派个任务给她……

一开始,我觉得很心疼她。职场新人,难免遇到种种不适应。她拉住我倾诉,我哪怕再忙,也会认真倾听,也不忍心只回复一两句敷衍她,所以每次都会绞尽脑汁回复许多开导之词。

有时候,已经凌晨一两点,她还会一连发大段大段的长语音,跟我抱怨她白天在工作上遭遇的不快。别说又累又困地打字回复了,单是听完那些语音,我都要花上很长时间。

这样持续了有半年,我已经开导到词穷的地步。而小姚还是一直沉浸在自己的负面情绪之中,并且滋生了离职的想法。我觉得她在那家公司工作得太不愉快了，非常支持她离职。

小姚辗转面试，进了第二家公司，是一家规模稍小的初创公司。可是，小姚还是满腹抱怨之辞：只能单休，加班没有加班费，老板独断专行，恨不得剥夺完她的全部业余时间，她半夜发条朋友圈，老板会点个赞冷飕飕地评论，“早点睡，明天还要工作呢”……

我同情她的遭遇，但也觉得我已经无能为力。每次和她聊天，她都会强行给我灌输满满负能量。我和朋友聊天是为了放松心情的，可是每次和她聊完，我都会觉得精疲力竭，如同被抽干了活力。

小姚成天唉声叹气，说厦门工作机会少，发展前景很有限。我说，那你去北上广看看。她又含糊其辞，一直迈不出离开的那一步。

有一次，她打电话给我，说着说着竟然哭了，委屈又愤懑地指控命运不公：去了北上广发展的同学如今都混得比她好，她能力不比他们差，如今却处处不如人……

渐渐地，我有些厌倦了。我不敢主动找她聊天，生怕她一开口又抱怨个不停，把气氛搞得愁云惨淡。人生本就艰难，谁活得容易呢，我可不想把宝贵时间全花在听一个人抱怨上。

我有意无意地和小姚疏远了。后来，我偶然间认识一个和小姚的共同好友。偶然间聊起小姚，对方叫苦不迭：“她总是给我传输负能量，喋喋不休，讲她工作有多不顺心、老板有多小气。有一次大半夜给我打电话，说了一个小时她很迷茫，觉得人生看不到希望。我都怕了她了。而且你知道吗？好几个人跟我说了，小姚总拉住他们发牢骚。我好不能理解啊，同样的话，抱怨一遍已经够累的了，她怎么跟每个人都说一遍，不觉得累吗？”

我这才知道，原来她不只是跟我一个人倾诉。她找了身边很多朋友大倒苦水，翻来覆去都是那些话，简直像祥林嫂一直念叨着她的阿毛一样……

和我一样，别人也不希望被她传染上负能量，渐渐疏远了她。

负能量不但消耗了自己，也消耗了别人。没有人愿意和满身怨气的人相处。

甜甜升职后，和男朋友分手了。

有人觉得她是瞧不上之前和她平级、现在属于下级的男朋友了。但甜甜跟我说，不是这样的。

甜甜和前男友在一个公司，她比他早进公司几个月，自己摸索出了一套门路。

那个男生和甜甜年龄相仿，他长得也俊俏。甜甜对他有好感，一心想帮他，就把手上的资源、人脉毫无保留地介绍给他，手把手教他工作流程和一些诀窍。当他怀疑自己的时候，甜甜就耐心地鼓励他、给他打气。

甜甜说，那个男生其实真的挺优秀的，也很努力，但是骨子里深深的不自信。

他们在一起了。甜甜是一个聪明又能干的姑娘，业务能力强。在她的指点下，男生的业绩比一般同事高出一截，只不过比起甜甜来还是低了一些。

他一直怀疑着自己的能力。甜甜不断地鼓励他，说可以的，况且以他的业绩，已经算是同行里很优秀的了。

但男生仍然非常焦灼，甚至挖苦甜甜："已经很优秀了？我哪敢跟你比啊。"

甜甜被他一句话噎到了，泪水在眼眶里打转，迟迟没掉下来。

那时候，她就已经料到，这段感情没法长久。

这段关系里，他们的能量是不对等的。甜甜需要一直安慰他、鼓励他、开导他，为他注入能量。可他像黑洞一样，源源不断地吸走她的正能量。即使如此，他的世界还是毫无起色，一片无底的黑暗。

让甜甜难过的，不是他嫉妒她的优秀，而是他一直把自己困在负面情绪之中。他明明已经很优秀了，却总把自己想象得一无是处、糟糕透顶。这样的人，是晴天里的压顶乌云。

跟一个满身负能量的人在一起，你们是没有未来的，因为在他眼里，时时刻刻都是世界末日。

甜甜升职后，男朋友的自我价值感更低了，成天自怨自艾，觉得自己能力不行，甚至连业务上也有些懈怠了。甜甜实在受不了他的低气压，选择了和他分手。

甜甜一再跟我说，他不是能力不足，而是他习惯于成天指责自己、怀疑自己、否定自己，他的精力被负面情绪消耗着。他整日生活在自己制造出来的痛苦里，让自己煎熬。

一直在内耗的人，是没办法走得长远的。

同样，也没有人愿意和整天沉浸在负面情绪里的人做朋友、做恋人。和负能量爆棚的人相处，只会让你越活越累。

我觉得，一段好的关系、好的感情，不应该是彼此消耗、彼此灌输负能量，而是两人都自带光芒，相遇迸发出更亮的火光。

我以前也是个有点悲观的人，遇到我男朋友的时候，我的个人公众号才一两万人关注。当时，我觉得自己已经江郎才尽，五万关注于我而言是个天文数字，可能这辈子也做不到了。

那时候，他还只是我的普通朋友，彼此也不算了解，但是他很认真地告诉我，我想做的事一定可以做成的。

他总是让我觉得，未来是充满光亮的。

因为他的信任和鼓励，再加上我自己的心理调整，我坚持了下来。到今天，已经将近十万读者了，这是我当初不敢想象的。

同样，他做出一些看似出格的决策时，我完全信任他，不会质疑和指责他。我很坚定地告诉他，我相信他这个人，所以相信他所做的事都能成的。

两个内心自带光源的人在一起，才能一起照亮更远的未来。

我和他有这样的共识：不要在总是内耗的人身上浪费时间。

那些总是沉浸在负能量里的人，会把自己的未来局限，他们不看好自己、不看好自己在做的事。当你觉得一件事没有希望，又怎么可能做成它?

更可怕的是，这种人还会把悲观消极的情绪传染给身边的人。跟这种人共事，你会觉得前途渺茫。你很努力地鼓励他，换来的只有唉声叹气、抱怨不休。

大家都那么忙，谁也没伟大到要拯救谁脱离苦海。我们能做的，只有离满身负能量的人远点。同时，也千万别做那个给别人传递负能量的人。

别指望别人照亮你，你要内心自带光源。

别让你的人生负重太多

他想起了妻子，早晨告别时太匆忙了，只是匆匆地吻了她一下，假如就此永别，这将是他终生的遗憾。

大卫是纽约一家报社的记者，由于工作的缘故他经常去外地，满世界跑新闻。那天，他又要赴外地采访。像往常一样，他收拾好行李，一共3件，一个大皮箱装了几件衬衣、几条领带和一套讲究的晚礼服。然后，他像往常一样和妻子匆匆告别就奔向机场。

到了机场，工作人员通知，他要搭乘的飞机因故不能起飞，他只好换乘下一班飞机。在机场等了两个多小时，他才终于乘上飞机。飞机起飞时，他像往常一样开始计划到达目的地后的行程安排，利用短暂的时间做好采访前的准备。正当他绞尽脑汁地投入工作时，忽然飞机剧烈地震荡了一下，接着又是几下震荡，他头脑里第一个反应是：发生故障了。广播里空中小姐告诉大家系好安全带，飞机只是遇到气流，一会儿就好了。

大卫靠在座椅上，也许是出于职业的敏感，他从刚才的震荡中意识到飞机遇到的麻烦不像空中小姐说得那么简单。果然，飞机又连续几次震荡，而且越来越剧烈。广播里传来空中小姐的声音，这次其他乘务员也全部站在机舱里，告诉大家飞机出了故障，已经和机场取得联系，设法安全返回。现在，飞机正在下落，为了安全起见，乘务员要求乘客把行李扔下去，以减轻飞机的重量。

大卫把自己的大皮箱从行李架上取下来，交给乘务员扔了出去，随后又把随身带的小皮包也扔了出去。飞机还在下落，大卫犹豫片刻才把小皮箱取下扔了出去。这时飞机下落速度减小了，但依然在下落，乘客骚动起来，婴儿开始哭叫，几个女人也在哭泣。大卫深深地吸了口气，尽量使自己保持平静。他想起了妻子，早晨告别时太匆忙了，只是匆匆地吻了她一下，假如就此永别，这将是他终生的遗憾。

他摸了摸身上所有的口袋，把身上的皮夹、钢笔、小笔记本都掏出来，给妻子写下简短的遗书："亲爱的，如果我走了，请别太悲伤。我在一个月前刚买了一份意外保险，放在书架上第一层那几本新书的夹页里，我还没来得及告诉你，没想到这么快就会用上。如果我出了意外，你从我身上发现这张纸条，就能找到那张保险单。我想它会帮你付一些账单的。原谅我，不能继续爱你。好好保重，爱你的大卫。"

大卫写完，把纸条叠好放在贴身口袋里，然后便把笔和本这两件他身上剩的东西一起扔了出去。他以最大的毅力驱除内心的恐惧，帮助工作人员安慰那些因恐惧而恸哭的妇女和儿童，帮着大家穿救生衣，告诉人们不要害怕，在关键时刻越是冷静危险就越小，生还的可能性就越大。机长宣布迫降，广播里广播着降落时的注意事项，最后的时刻终于到了，大卫闭上眼睛，在一阵刺耳的尖叫混合着巨大的轰隆声中，大卫感到一阵剧烈的撞击，他痛苦地在心中和妻子、亲人做最后的告别。

不知过了多长时间，大卫睁开眼睛，发现自己还活着。眼前的一切惨不忍睹，有的人倒在地上，有的人在流血，在痛苦地呻吟，他连忙加入救助伤员的队伍中。当他妻子哭着向他奔来时，他怀里抱着不知道是谁的孩子，贴身口袋里揣着写给妻子的小纸条，和妻子紧紧地拥抱在一起。这一回，他长长地吻着早晨刚刚别离却仿佛别了一世的妻子。

机上的乘客只有三分之一得以生还，而大卫竟毫发无损，真是奇迹。当然他损失了3件行李，损失了一次采到好新闻的机会，不过他自己倒上了纽约各大报纸的头版。

人生真的不需要太多的行李，一件就够，那就是“爱”。当生命遭遇到危险的时候，一切名与利都渺小得如一粒微尘。那么，你最放不下的是什么？是爱。你会放不下那年迈需要赡养的双亲，那相伴终生的爱人，那活泼可爱的孩子，还有那些志同道合的亲朋挚友……

其实，你没有你想象中那么痛苦

从小到大，除了家里有点穷之外，我很少经受什么挫折。直到大学毕业，经历了若干年的打工加若干年创业，碰得头破血流，才逐渐悟出一点道理。

回望过去10年的职业加创业生涯，我发现其实很多时候自己原本可以做得更好，却因为这样那样的情绪给破坏了：比如被合作伙伴背叛时的愤怒、一而再再而三碰壁时的沮丧、对自我产生怀疑时的不自信，等等。

发现什么了吗？其实这些情绪都是非常常见的，也是正常人遇到类似事情之后的正常反应。但是有时候“正常”就是最大的不正常，那些能让我们变得更好的，恰恰是如何用理智和智慧来控制生物本能这种“反常”。每次迷茫的时候、痛苦的时候、自大的时候、狂妄的时候，现实都一再用血淋淋的事实给我留下惨痛的教训。而在领悟的无数个教训中，下面5句总结是我印象最深的。从某种角度说，它们拯救了我。

[你其实没有你想象的重要]

有人说过：“人会长大三次。第一次是在发现自己不是世界中心的时候。第二次是在发现即使再怎么努力，终究还是有些事令人无能为力的时候。第三次是在，明知道有些事可能会无能为力，但还是会尽力争取的时候。”

可即便是成年人，都经常自觉不自觉地活在以自我为中心的世界里，从而产生很多完全没意义的负面情绪。

回想下，你是否有过类似的经历：你想要打车的时候，发现总是一辆空车都没有；你带伞的时候经常不下雨，你不带伞的时候经常下雨；当一件倒霉的事情发生的时候，总是一连串倒霉的事情接连发生。

总之，有时候仿佛全世界都在跟我们作对，这样的事情会使得我们异常愤怒与沮丧。但其实这只不过是个错觉，我们只不过无限地放大了自己遇到的挫折，将自己摆在太重要的位置了。世界很大，而我们太渺小了，渺小到其实根本没人会刻意为难我们。

将自己看得太过重要，还会让我们不敢尝试，害怕犯错。因为一旦犯错，仿佛全世界都会嘲笑我们。但其实没有那么多人在乎你的成功或者失败，敢于去做的人总比临阵退缩的人能得到更多尊重。可因为将自己看得太过重要，我们失去一次又一次的机会。

[没有成功不是你运气不好，而是努力还不够]

无意煲鸡汤，也从不认为“只要努力就一定能成功”，但据我观察，大部分人的失败确实是因为努力和坚持还不够。

成功分为两种类型：一种称之为天才型成功，一种则是努力型成功。

任何一个领域，想要进入到前3%的顶尖行列，除了必要的努力和坚持之外，其实天赋、运气等因素也非常重要。也就是说，这个区间不是你单纯努力就一定能达到的。（比如说就算你每天24小时锻炼，也基本没有可能跑得比博尔特更快）。

但是如果我们足够专注和努力，进入到一个领域的前15%-10%是完全有可能的，而这在大部分人看来已经算是巨大的成功了。

问题在于：大部分人都只盯着前3%的那一小撮人，却连前30%的人的努力程度都未达到，最后却将自己的失败总结为运气不好。

[情商低是假的，懒惰 + 自私是真的]

你不会说话，你很难打交道，你将这些问题归结为“自己情商低”，潜台词是情商是天生的，所以这些不好都别怪我。

别再骗自己了！就我所见，只要人不傻，只要稍微有点进取心，绝大部分人都可以很好地与周围的人相处好，绝不至于成为大家所厌恶的“难搞”的人。

之所以乐滋滋地满足于“我就这样”，一种可能是你懒得改变自己，还有一种是你享受这种感觉。人与人相处，总是你退我进。你处处谦让别人，就意味着很多地方你要牺牲自己的利益和感受。有人就是喜欢别人迁就自己，知道自己的问题在哪里，但就是不改，这其实就是自私。对这种人，“我天生不会和人打交道”只不过是个幌子而已。

只要你想变好，你一定能做得比原来好一些的。

[超过 80% 的痛苦源自欲望和能力的不匹配]

无数次痛苦纠结的时候，我都会在深夜客观分析现状，以及审视自己的内心。结果发现其实事实往往没有自己想象得那么糟糕，痛苦更多来自于自己想要的太多，多到超出实际情况和自己能力范围。

比如有一段时间，我陷入严重的焦虑状态。那时候，我在运营一个公众号，并且进入一种类似强迫症的奇怪状态：每隔10分钟左右，我就要查看一次公众号的后台，看看粉丝数。早上推送文章后症状更加严重，几乎每分钟就要看一次文章阅读数的增长情况。

事实上我干得相当不错，公众号各方面的发展情况都是非常理想的。但是每次我看到诸如逻辑思维、Papi酱、十点读书之类行业标杆账号当初发展的数据情况，我就会对自己的工作感到相当不满。却很少去思考这种对比是否合理，背后有什么问题。

总是将行业标杆作为自己工作的比照，这其实是不对的。因为你不知道人家在这方面的积累、为此投入的人力物力、在运营过程中的时机运气等一切因素，却妄想直接达到行业的顶级标准。除了不知天高地厚外，实际也是因为自己的欲望远远超过了自己的能力范围。

我们希望改变自己的现状是无可厚非的，但我觉得这同样需要过程，有个限度。无限制地让自己的欲望膨胀到完全脱离实际，是大部分人感到痛苦的主要根源之一。

[你的大部分烦恼都是没有意义的]

我们总是非常容易烦恼，比如为抉择而烦恼，为不尽如人意的结果而烦恼，为感情而烦恼，为不确定的未来而烦恼，等等。

倘若你能够为不够好的现状感到烦恼和不满，并且积极地寻求改变的方法且为之做出努力，这样的烦恼其实是有益的。事实上不满和欲望正是人类进步的最大动力。

问题是很多情况下，我们都在产生毫无意义的烦恼。我们对自己的情绪缺乏控制能力，任负面情绪在我们脑海滋生蔓延，最后彻底毁掉我们原本良好的工作和生活状态。

我们不仅为自己的错误而烦恼，还为别人犯下的错感到愤怒；我们不仅对现在尚可以去改变和创造的未来感到烦恼，还对已经发生不可更改的过去感到懊恼。我们在事情未取得进展的时候烦恼于停滞，在事情取得进展后又烦恼于它的速度不够快……

如果将我们的烦恼进行归类总结的话（事实上本人确实这样做过），你会发现大部分情况下它们都是毫无意义的：因为它既没法让事情变好，也无助于你得到进步。

从人的生理、心理健康来说，我们的负面情绪需要得到宣泄，烦恼是其中一种。但这并不意味着我们非得沉浸于这种状态，最终让情绪控制我们。

连自己的情绪都总是控制不住的人，往往也控制不住任何事情。

坦白说，这句话并未让我具体地学会什么。它们对我真正意义的帮助，是让我更加理性、客观地认识了自己以及这个世界。到最后我才发现：

即便你多谦卑，仍大大高估了自己在这个世界的重要性。

即便你再强大，仍大大低估了取得进步和成功的高难度。

别敷衍了你的生活，让它有些品质

[1]

通常在朋友圈看到拍得特别好的照片的时候，大家的反应是“真不错，你用的什么相机”，而看到烂照片，就笑话拍摄者水平很臭，因为人们总习惯把他人的成功归结于环境，别人的失败就归因于他自身。

但是人家拍得好总有原因吧，我有个朋友C小姐，她朋友圈发的美食，每一次都能让我刷朋友圈的时候停下来看看，特别诱人。然后看到下面留言问用的什么拍照APP，没想到她说，手机自带的呀。后来我花了半个小时研究了一下她的照片，可能也是因为我饿了。

C小姐做的美食，都特别注意卖相。一份蔬菜沙拉，黄心绿皮的黄瓜片，小的圆番茄也切成了片，黄色的玉米粒，一片片一撮撮的，新鲜有层次，最上面还铺了一层肉色的肉末，沙拉酱是白色小碟装上放在旁边，摆盘比外面的餐厅还考究。无论是颜色搭配，还是层次布局，主次有别，尤其是容器，既不喧宾夺主，又能恰到好处。

最重要的一点是每次C小姐拍照的背景都很整洁精致，餐桌上铺了素色花纹的桌布，摆了玻璃花瓶装的鲜花，她好像有各种高低大小形状的玻璃瓶来搭配不同的鲜花，说到这我就不得不说一下，为什么我不爱看那些自拍照，你的妆是很精致，姿势也很性感，但是你身后床上的被子能不能叠一下，拖鞋可不可以放好。

用C小姐的一句话来说就是，拍照怎么能随随便便。

因为拍照秀的不仅是你的脸，你的美食，更是你的生活方式。

有的人会说，不就吃个饭吗？还摆拍，真是矫情得可以。但生活真的需要一种仪式，不同的心态对待就有不一样的品质呈现，姑娘连吃进肚子就没了的食物都精心打造，更别说对其他东西花的心思了。

也许很多人的目的不在于享受这个过程，只在于能吃饱不饿；也有很多人花了很多钱想要最好的环境、最好的食物，但我就是想要像C小姐一样过得不那么随便一点，在这种柴米油盐中找到一点情趣。

林清玄说过好的生活品质到底是什么，只不过是在有限的物质条件下一种求好的精神。

[2]

我去过C小姐的家，一室一厅一个人住，她是学画的，最擅长油画，征求了房东的同意，在玄关的一小面墙上画了一幅漂亮的油画，一进屋子就是扑面而来的艺术气息，给我端上了一份水果，当时觉得特别有食欲，后来我才知道问题出在盘子上，装水果的日式木质水桶形状的盘子据说是某个大师的设计，但是财力有限，她去日本的时候只舍得买了一只回来。

我一直相信一句话，真正有品质的人，总是把钱花在看不见的地方，无论是床单、窗帘、甚至走进厕所踩的小毛毯，都是C小姐亲力亲为去挑选的，我也是第一次感受到租来的房子也可以这么有家的感觉。

有朋友觉得没必要花些冤枉钱改造别人的房子，可她说，这样多棒，一进来就不想再出去，回到家再坏的心情也变好了，一身的疲惫也去除了，好的家包治百病。她说完调皮地吐了吐舌头。

不同的生活品质的确会给自己带来截然不同的感受。

一个温馨整洁的房子自然会有家的感觉，比起冰冷杂乱的房间，更让人想拥有；

一件纯棉的T恤，舒适感和透气感都会比较好，比起腈纶的憋着闷，绝对要舒服一百倍；

一份绿油油又新鲜的蔬菜，比起没有水分的菜叶子，一定会让人产生更想吃的欲望。

很多东西不能仅仅是有就行的，它更需要质感、美感和精神上的愉悦感受。正因为如此，我们需要有品质的生活，生活品质也恰恰反映出一个人的气质和素养。

说话的朋友家我也见识过，一百多平的跃层，没看出有啥设计感的装修，倒是乱得可以，沙发桌子走廊到处都是东西，不知道是装修问题还是太乱的原因，真心没啥家的感觉，只能说，可以住人。

C小姐还有一个理念我特别赞同，就是你要舍得扔，把那些你根本用不上的东西扔出你的生活，把有限的空间留给最合适的东西。所以说难怪人家照片拍得好，因为在她照片有限的空间里放的都是最合适的东西。真的不是人家拍得好，而是活得好。

[3]

朋友圈子里有另外一个姑娘挺看不起C小姐的，说她没钱瞎显摆。那个姑娘条件比吃货姑娘条件好，朋友圈晒米其林餐厅、卡地亚的手镯、香奈儿的包包等，年初又入了SK-II神仙水，看上去就像赤裸裸地炫耀，她觉得这样才叫女人爱自己，这样的生活才叫有品质。

可知道的人都明白，她也是普通人家的孩子，挣着月薪省吃俭用存好久才能这么潇洒一盘，也许谁也不知道照片背后的辛酸故事。

一些人一定像上面那个姑娘一样，觉得拼命花钱就是有生活质量，不可否认有时候价高的品质是会好一些，可不是盲目的高价就代表品质高，只买贵的不买对的那是土豪，在超出自己能力的情况下去盲目攀比，那不是生活品质，那是虚荣心作怪。

真正的生活品质，是在有限的条件下，给自己最好的质感，注重身和心兼备的享受，是一种求好的精神。

即使工作繁忙囊中羞涩，也可以偶尔为自己做一丰盛的午餐，偶尔去听一场音乐会，偶尔在房间里布置出精致的一角，偶尔慢下来品一壶茶水，偶尔来一场休闲的旅游，偶尔与爱的人过一个重要的节日。

提升生活品质很简单，就是认真地去对待，多一点心思，多一点审美，多一点情趣，多一点仪式，将每一个点每一件事做好做极致。

记住一句话，混日子的人只能感受到生活的粗糙和寒碜，品味生活的人才能捕捉到生活的快乐。

活得怎样，全靠自己经营。

学会独处，方能不孤独

周末吃饱了撑着，闲着无聊就随便看了一期《非诚勿扰》。我看的那一期有个男嘉宾自爆从小父母离异，所以特别害怕孤独，晚上睡觉的时候一定要抱着一个大活人才能睡得着，不管这个人是男是女。我琢磨着这个男嘉宾还挺逗的啊，真恨不得穿过电脑爬过去说他一句："无法独处，你不孤独才怪！"

其实，孤独是一种正常的生理现象，人皆有之。

我们以为只要身边围绕着很多热闹的人，我们就可以驱赶走"孤独"这只野兽。殊不知衡量孤独与否并不是看身边到底有多少人，而是看内心的充盈程度。

我有个朋友，从读大学时候认识她起，她就马不停蹄地交男朋友，换男朋友就像换衣服，不是正在和男朋友谈恋爱就是在找个男朋友谈恋爱的路上。我问她："你都不用稍微消化一下上一段感情再开始的新的恋爱吗？"她显得很苦恼地对我说："我也没有办法啊，我就是停不下来，我只是非常害怕一个人，真的非常希望有个人爱我给我安全感。""那有人在你身边，你谈恋爱了就不孤独了吗？""嗯，显得不孤独。"她抿了抿嘴，思考了一下之后说。对于这样的回答，我无言以对。

她让我想起了《被嫌弃的松子的一生》这部电影。松子为了得到爸爸的关注而不断地做鬼脸逗爸爸笑，为了爱情而甘愿忍受暴力。多年以后，她遇到那个害她开始悲剧一生的学生阿龙时，她躲在屋子自言自语地说："屋子里是地狱，屋外也是地狱。"既然都是地狱，屋子里只有她一个人，而屋外至少还有一个说了一句爱她的男人，所以她就不顾一切地冲到屋外和阿龙在一起。在这个过程中，松子没有考虑自己到底爱不爱阿龙，没有考虑跟阿龙在一起之后可能的后果，仅仅只是不想一个人生活。连基本的独处能力都没有，这样的松子又怎么不让人嫌弃？没有朋友会很寂寞，可是无法与自己相处则是整个生命的荒芜！

这也是为什么常常有人问："为什么我每天的行程这么满，身边围着这么多人，可是我还是会觉得很空虚很孤独？为什么我老是觉得我原本充盈的内心在不断地皱缩？"

因为你忘了一个最重要的角色，那就是你自己！你为真正自己做了些什么呢？为什么有人教我们"团结同学，尊敬师长"，却没有人教育我们也要和自己和谐相处，团结自我，尊重自我呢？为什么我们花很多精力去学习如何与人和谐交往，却不能和真正的自己成为好朋友呢？

我认为情商高的首要表现之一就是能够很好独处。

独处并不排除群体，也不意味着赞赏性格孤僻，独来独往，而是像国画中的留白一样，在忙碌狗血的生活工作中，我们仍留有一些时间去卸下层层面具，真正地面对自己的内心，找到自我，释放自我。

我的大嫂今年30岁，在一家公司的行政部门工作。她每天除了要应付公司里的各种乱七八糟零零散散的工作和应酬之外，下班回到家后不仅要处理自己小家里的各种柴米油盐，作为长嫂，还要时常出面解决七大姑八大姨的家长里短。我想她大概是大部分中国妇女的缩影。可是与大部分人不同的是，每个周日的上午她都会请丈夫照顾孩子，自己则整个上午都待在书房里。我问她整个上午待在书房里干什么，她却淡淡地回答："什么都不干或者想干什么就干什么。”说完她冲我调皮地眨了一下眼睛，笑了。

是啊，独处的时候就是什么都不干或者想干什么就干什么。

安迪·鲁尼说：“如果你独自一人笑了，那是真心的笑。”

你可以在繁重的工作或者令人厌恶的人事中偷偷地一个人溜出来，挑个中午这种少人的上好时间，用一张票的价格包下整个电影院，挑个最佳观影席，看一场花火四溅、爆破全场的电影。那感觉怎是一个“爽”字了得！

你还可以突然一改平时端庄贤淑的形象，突然浓妆重抹，性感妖娆，然后高高兴兴地和自己来一场华丽的相遇。

你还可以买一大堆食物回去，精心地为自己做一顿精致丰盛的晚餐，仅为你自己而做。

或者你什么都不干，就是听着窗外的雨声，对着窗台上的那朵快要凋零的花儿静静地发呆。

独处的时候，你永远是自由自在的，没有人告诉你该干什么不该干什么，你想干什么就干什么，不想干什么就不干什么，你的内心永远是欢腾雀跃的。独处就像苦涩的咖啡里后面加进去的那颗糖那杯奶，让你在苦涩中尝到幸福的味道。

当然，并不是每个人一开始就可以尝到这种幸福的味道，独处是一种通过慢慢学习才能掌握的技能。也许每一个能够很好独处的人都经历过很长一段让人无法忍受的孤独时光。也许是一个人在外地打拼，经历过无数个寂寞难熬的夜晚后，突然有一天醒来，看见初升的火红的太阳，终于明白一个人也能生活得很好；也许是在无数次求安慰无果后突然明白原来自己也可以很好地安慰好自己；也许是一次又一次地在人群中狂欢之后，突然觉得有时候独处才是最充实的时候。

总之，随着人生经历的丰富和心智的成熟，你会发现，对付孤独的最好方法不是躲进人群中假装自己不孤独，而是以毒攻毒，接受它，战胜它，然后享受它。

正如作家陈染说的那样："如果没有一点独处的余地，那么就会很孤独。被剥夺了内心空间的热闹，是一种更深刻的孤独。"

我们原谅的不是他人，而是自己

有些伤害一旦造成就无法挽回，请不要在伤害我之后再到我的世界里来，因为我不恨你，但我无法原谅你。

[1]

以前与朋友聊《火影忍者》的剧情，朋友气愤地跟我说，“很不满意岸本把带土画死。没错，他是做过很多坏事，可是都情有可原，而且到最后明明醒悟了，还救了众人，为什么就不能给他安排一个好的结局。”

我说，那是他最好的结局。

转念想到《倚天屠龙记》里的谢逊，早年间被成昆迫害后便滥杀无辜。到最后，幡然醒悟，散尽武功，皈依佛门，还被仇家唾沫加身，我估计那些画面看得很多人动容，或许大家心里还在默默感叹，浪子回头金不换。

同样也有朋友觉得这个结局不好，却和我讨论，“为什么谢逊没死？”

我说，他的心已经死了。

他说，“那有什么用，即便他灰飞烟灭了，那些跟他有血海深仇的人也照样恨他，不可能原谅他的。”

想来也是，置身事外的看客们，永远都很慈悲，可以豁达地原谅跟他没多大关系的一切。可作为当事方，有时真的不是一句“知错能改善莫大焉”能够平息他们愤怒的心绪。

[2]

邻居筱筱姐曾跟我说过一件事。

19岁，她高中毕业，不准备继续深造，便外出打工。在餐馆端了半年盘子，她很要好的一个闺蜜突然打电话给她，要她去S城，给她介绍一份很不错的工作。

那时，筱筱姐不是没有疑虑，可是一想到是自己最好的闺蜜，就卸下了所有的心防，还费了很大力气说服了家人，翌日一早便赶往了S城。

可刚到闺蜜所在的地方，就被搜刮得分文不剩，那时，她才知道自己陷入了传销组织。

筱筱姐逃跑过一次，被抓了回来，打得遍体鳞伤。

所幸过了一个月左右，这个传销组织被警方一锅端掉，她才算是恢复了自由身。只是，从此以后再也不想同那个闺蜜联系。

她的闺蜜曾好几次想找筱筱姐道歉，可筱筱姐始终不愿意见她，送来的钱和物也原封不动地请带来之人带了回去。

后来，那个闺蜜结婚，托熟人来请筱筱姐，筱筱姐斩钉截铁地说，“不去。”

熟人苦口婆心地解释，筱筱姐没听进去。

到了最后，那人说，“都过去五年了，没必要这么小心眼啊，人还是要大度一点。”

筱筱姐来了脾气，立刻下了逐客令。

我问筱筱姐，你还恨那个人吗？

筱筱姐说，不知道，不过我永远忘不了当时她拿着皮带抽我的表情，我不会原谅她的，不过我也从没想过要去报复，现在的我只希望以后不要再见到她。

求原谅不是高尚，放过才是慈悲。

从生到死，我们要路过多少风景，有好有坏。我们不期待那些路过的坏风景会变好，更不想去回首，只需要继续赶路，期待着未来的旅途不要再碰上那些糟糕。

试想一下，如果在我们已经淡忘的时候，还有人时刻来提醒我们回忆起这些不愉快的事，这难道不是另一种迫害?

[3]

表姑受不了家暴，断然离婚，如今已有一年。

她前夫隔三岔五就到她娘家来道歉，不过表姑都避而远之。

前段时间，表姑的父亲八十大寿，邻里亲戚来了不少。她前夫真会选日子，当天中午，跪在他家门口，当着百来号人的面涕泗交零，痛陈自己的不是，以求表姑的原谅，然后重归于好。

表姑没有丝毫感动，相反，很是愤怒，匆匆躲进屋内。

不过奇葩的是，竟然有邻居跑进屋内，做表姑的工作，说什么他一个大男人，敢跪在这么多人的面前作保证，肯定是痛改前非了，你就原谅他吧，咱也不是这么记仇的人。

真是好笑，当年表姑受了那么多磨难，如今也没去找过她前夫的麻烦，只是不能原谅他，却被旁人说成记仇。

是的，原谅需要勇气，不原谅也需要勇气。

我一直觉得，道歉是很私人的事，置于大庭广众之下，就无疑给当事方戴上了沉重的道德枷锁，接受道歉的一方无疑背负着一种沉重的心理负担。

经常看到电视里的桥段，一个人跪在雨里，大声喊，“你不原谅我，我就跪在这里不起来。”

可仔细想，这样的人真是过来道歉的吗？确定不是“绑架”？

如果接受道歉的那一方，实在无法说服自己原谅，那怎么能强求？又何须在意事后要承受旁人的微词，落个矫情小气的印象？

所以最好的办法是，我不去找你了，你也别来找我，不要解释，也不需要道歉。

我们俩形同陌路，就是最好的解释。

你永远消失在我的世界里，可能就是最好的道歉。

[4]

曾在微博上看过一句话，一辈子不长，请原谅所有的人和事。

我笑一笑。

是的，我们一辈子确实不长，没太多时间纠结在原谅还是不原谅的事情上，还有那么多的人等着我们去爱，那么多的远方等着我们到达。我们没有那么多功夫耗费在原谅，而应该是淡忘。

也有人说，怨恨越深，自己越痛苦，何不放过自己。

是的，我们要放过自己，所以尝试着走出愤怒与仇恨，但是这一切都不代表我们能接受，能原谅。

我们依旧会好好地活着，因为我们还深爱着这个多彩的世界，与原谅无关。

那些槽点满满的朋友不交也罢

如果让我排名最可怕的朋友，我一定会选：

持续给你输入负能量的人。

请注意，是持续。

就像是拿着针管，慢慢注射的。

而你，不得不用更加强大的力量去对抗负能量，日夜不停。

[1]

老杨刚进单位的时候，离她办公桌最近的是一个40多岁的女人。女人的工作是整理档案，每天办公桌上高高垒起的档案，穿梭在朝九晚五的日子里。

这个40多岁的中年妇女特别热情，她可能是第一个与老杨打招呼的人。到单位的第一个中午，这个中年女人就拉着她的手去食堂，去完食堂，又陪她一起散步。

老杨不拒绝热情的人，但总会对太热情的人心生怪意。

“其实，人与人之间，每一阶段都是有感觉的，过于热情，总是生怕暗藏玄机。”

老杨是个中庸的人，她一直这么评价自己。不拒绝别人的热情，对别人也是温和不已。

于是，和那个中年女人同出同进。她还是明显能够感受到单位的同事，并没有那么喜欢这个女人。有同事私底下说："小杨，你必须要有十足的心理承受能力，才能和她相处。"

老杨笑笑。"谁一定会说谁的好呢，不可能每个人都被人喜欢。"

可是，没过多久，老杨发现，所有的热情里，总是穿针引线般地露着许多负能量，一阵一阵地陷入老杨的生活里。

每天到岗的第一件事，这个女人就开始吐槽昨天晚上，和婆婆之间的恶言相向；中午的时候，开始吐槽单位的工作多烦琐多无聊，领导多偏心多势力，同事多无情多无义。

"后来，我真是很害怕上班，一想到了单位之后的一整天都浸泡在她的吐槽里，就觉得生活特别糟糕。我中午甚至都不敢去吃午饭和散步，宁可天天从家里带伙食。"

"她后来问我，是不是躲着她。我没有回答。她大哭的时候，我忽然觉得轻松了。至少往后的日子，不会再如从前。"

后来，老杨换了个部门，谢天谢地。

负能量的危害有多大?

就像每天来不及躲避的雨，每天都下得很大，日日夜夜。

一个人身上有负能量是一件特别糟糕的事情，就像坏情绪这回事，总是会偶尔出现在身上，让人不可逃避。

每个人都不可避免。

最怕的是，有一个人，在见到你的那一刻起，就像是一种惯性，一股脑儿地告诉你所有的情绪，以及抱怨，

[2]

我常常觉得，偶尔的吐槽，会让两个人走得更近，但日日夜夜地抱怨，总会让你有一种后怕。

在你并不漫长的岁月里，如果有一个人在你的身边不断给你的人生下起大雨，而你在冷飕飕的夜晚，不得不添更多的衣服，加更多的被褥，抵挡他一夜一夜的寒冷。

你总是会发现，周围有这样一群人，他们对所有的事情都不满意，对这个世界的人都有敌意，他们无端地认为，所有的事情都会往最坏的方向走，而所有往坏的方向走的，不过都是如她所料。

老陈家有一个邻居。我婆婆每天都特别胆战心惊遇到她，一直到前段时间她搬家了，婆婆竟然如释重负一般。

那个日日夜夜跟婆婆抱怨生活苦闷的人，是一个50多岁的阿姨，退休在家。她起床之后，就会在楼下搬一个凳子，等着过路人，和她唠嗑。

“无非是，昨天晚上婆婆吃饭的时候，又没有夹菜给她，衣服也让她来洗；无非是自家的小叔子来家里吃饭，却不带任何下酒菜；要不然，就是怀疑婆婆给小叔子什么好处。”

一开始，婆婆还觉得，这个世界上，怎么会有那么黑暗的家庭关系。然后，婆婆渐渐发现，很多时候，无非是这个女人过于计较，得了好处便理所当然，有所吃亏就觉得所有人都在亏欠她。

“有时觉得黑暗，有时也觉得心烦，就像是翻来覆去的碟片，给你唱了一遍又一遍。而你把时间和精力消耗了，却得回了一堆人生最不美好的体悟。”

[3]

我很喜欢和那些始终卯着劲认真生活也认真爱人的朋友在一起，他们常常有很多的体悟，却没有那么多源源不断的能量。他们并不是看不到生活的困苦不堪，只是他们更知道，实在忍不住了，就嬉笑逗骂两下，大多数时候，都藏下来、扛下来、沉下来，会过去。

那些持续给你输入负能量的人，其实，大多数时候，他们以为是在倾诉，也在宣泄，事实上，事情不会因为他们的抱怨而变好，不过是无端给自己添了烦恼，也给别人多了忧愁。

或许有人会说，她当你是朋友，所以才把心里话告诉你。

真正的朋友，可以听你的倾诉，也可以陪你分担，但并不是源源不断地被你注射负能量，还要摆出一副无坚不摧的模样。而真正的朋友，也知道，我想和你在一起，是想和你更快乐。

[4]

每个人都不是谁的谁。

那些搞错了生活的人，说白了都是自我膨胀而已。

还是会喜欢那一句话：你要懂得把自己的朋友分类，有些人可以靠得很近，有些人会放得很远。

远离不是因为自私，是因为我们都需要安放自己一颗安静的灵魂。当然，也不是精致的利己主义，是爱己及人的世界里，要先爱己。

如此而已。

远离那些阻挡你前行的人

朋友小时是个挺会穿衣打扮的人，以前每次见她总是会期待她又会已什么样的面貌出来见面。会向她打探怎么穿衣搭配，怎么把简单的衣服穿的有亮点。她总是会滔滔不绝地把自己的心得说出来，不在乎经常关注喜欢的风格杂志，然后再结合自身情况，去实践搭配、最后总结出心得。

这次见面，当我按照惯例夸赞她一番时。小时沮丧地告诉我，她最近被自己的穿着烦恼着。问她原因，她说是因为最近换了新工作。她还是按照以前的穿衣风格去上班，结果发现新公司的员工几乎每个都穿得很随便，一些男生穿得很邋遢。本来别人穿什么也不关她什么事。

就在前几天，公司一个同事告诉小时，公司的同事都穿得很朴素简单。就你穿得精致又时尚，像是什么大公司的白领，我们这边就是个小公司一人身兼数职都忙得很，每个人做事风风火火的都穿着简便，舒服的衣服。

和你一对比，简直就像是公主和女佣。每天你到公司，大家都在讨论你的着装。虽然好看，但我们都穿得那么随意，感觉你好另类啊。

小时听完整个人都不好了，一直引以为傲的着装品位，变成了另类。还有自己愿意穿什么样的衣服是自己的权利，他们自己因为懒惰穿的邋遢还有理了。但是在后来小时穿衣也尽量简单朴素。让自己不用在公司算另类，不用每天上班承受别人的注目礼。

听完小时的话，我说那你有啥烦恼的。都随波追流了，和他们一样那么穿，还有烦恼啊。小时郁闷地告诉我，因为她不甘心啊。不愿意因为别人去改变自己，而且他们那么随意邋遢，我也怕自己最后和他们一样。

但是保持风格又觉得自己一个人整天穿的太艳丽，和他们形成的对比太明显了。在改变和保持自我中拉锯呢。不然你给我说说，哪个好。

我说我只是给个想法，不给你决定。如果你想保持以前那样的状态，觉得更喜欢自己穿的美美哒出门。那就不要管别人的目光想法，坚定的做自己。

而你如果想要被拉下档次，不做精致美美哒的自己，而愿意随波逐流去做你自己都觉得不好不喜欢的样子，那不是和自己想要的反着了。因为别人的看法，别人的目光，别人想要拉你下来一起懒惰不注意外形的想法，就把自己丢弃了。

最后小时决定还是美美哒的自己最重要，不管别人的看法和想法。保存着自我，不被影响不被改变。从不会搭配穿衣的自己进步到有属于自己的穿衣风格和心得，不能在倒退回去了。

有些人不能让你进步，反而只会拉着你退步。遇到这种人，远离就好。她不能助你成长，至少也不要被拉低。

选择合适的方式去生活

成功不是你拥有多少别墅豪车，

也不是你拥有多少金钱美女，

更不是你认识多少高官富商，

而是用自己喜欢的方式度过一生。

生命有限，何不选择自己的方式

我认识一个老大爷，70多岁，理发师，街头那种。

每逢大集，都会出现在集头那里，为来来往往的小孩和老年人理发，已经有40多年了。

小时候，每隔一个月我就会跑到集上去找老大爷，花上5毛钱，理个小平头，还能顺便听一段《鲁智深倒拔垂烟柳的故事》，头发理完简单清爽，故事听完回味无穷。

[1]

前几天回老家，我去赶集，再次见到熟悉的他。

算起来，我们有20多年没见面了。一是我以前在外读书工作，很少回老家；二是每次回老家也未必会恰逢大集；三是即便能碰巧恰逢大集，我也未必需要理发。所以，如果这三点凑巧遇到一起，那我必定会去找老大爷理发。

站在老大爷的摊前，我默默地看着他在为一个5岁左右的孩子理发。

岁月真的不饶人，尤其不饶辛苦劳作的人。

那张一笑就会有鱼尾纹的脸庞，现在不用笑，皱纹就早已平静地出现在脸上。曾经油亮的黑发，现在只剩几根，立在白发中，显得很孤立无援。绷直的脊梁，有了弯曲。轻快的步子，也有了迟钝。但，手头上的剃头功夫还是一样熟溜。

岁月会带走你的一切，唯有技艺会在它的打磨下变得炉火纯青。

[2]

“来吧，小胖，到你了。”老大爷还是直言不讳地叫我小时候的称呼。

“大爷你还记得我啊？”对于老大爷能认出我，我还是挺惊讶的，毕竟已经这么多年没见了。

“怎么不记得？不就是以前衣服脏到发亮，每次理发就缠着让我讲鲁智深的小胖嘛。”大爷笑着说。

“是啊！这么多年没见，我还以为你不记得我了呢。”

“不会的。每一个来过我这里剃头的人，我都记得，何况你还是经常来。”说话间，老大爷已经兑好了温水。

我坐下来，看着一眼前的一切。一个木制洗脸架，一个铁制脸盆，一件白色理发衣。

一切都没变。

“现在小胖该叫大胖了，看你脸上这肉，都快浮在脸盆里了。”老大爷一边给我洗头，一边说。

“是啊！胖了不少呢，你还是原来那样，还是那么瘦，要是肉可以分点给你就好了。”我笑着说。

“哈哈，我才不要呢，像我这个年纪，要肉就是要病。”老大爷很有道理地说。

“大爷，你在这有40多年了吧？以前很多跟你干一样活的人，都自己开了理发店都雇人当老板了，你怎么没有呢？”其实我一直很好奇这个问题。

“我觉得这样的方式自由自在，舒服，没压力。像他们那样，还得租店，还得雇人，价格也会高很多。我搞不来，不喜欢那样，我还是希望在我这剃头的人，都是我亲自给做，这样才踏实。”老大爷答道。

“大爷，如果你哪天想开理发店了，我可以给你投资啊。”我觉得老大爷是因为开店需要很多钱，所以这么一说。

“算了吧，我可不想那么累，我就这样挺好的。”老大爷笑着说。

“那好吧。大爷，我今天不想听鲁智深的故事了，我想听你的故事，可以给我讲吗？”我小心翼翼地央求道。

“哈，我这一把年纪能有什么故事，哪像你们年轻人，今天打架，明天旅游，天天都是故事。”老大爷又笑了。

“要不就说说你是怎么干上理发的吧。”

老大爷怔了一会，眼睛微微泛起一丝湿润，但很快就退去。然后，抬头环顾了一下四周，仿佛在寻找着什么。

回忆。

[3]

腊月二十五，年前最后一个集了。老人都说，年前必须要理发，预示着辞旧迎新。尤其是小孩子，如果不理发会不吉利，来年啥都不顺畅。

我妈难得带着我赶一次集，就是为了理发。把我一人扔在了摊子边，哪里都不让去。

她独自一人去制备年货了。

等妈回来的时候，已经是下午2点多了，我等她有3个多小时了。肚子早已咕咕地叫个不停。

妈妈一来到理发摊，我就迫不及待地去翻腾包，看有没有能吃的东西。而妈妈就去跟理发的师傅结账。

“5毛钱。”理发师傅说。

“5毛钱？以前不都是2毛5吗？现在这么贵了！”

“没办法。一年到头就指望年前这几天赚钱，所以涨价了。”师傅继续说道。

“你涨价可以，你也得说一声，这么贵的价格，谁理的起啊？”妈妈大声说。

“这个还用说吗？一直不都是这样嘛。”

“不行。你这太贵了，我就给你2毛5，多了我没有。”妈妈依旧坚持不多给。

“那可不行。我这理一天了，没有一个是2毛5的。”师傅还是坚持要5毛钱。

“我就给2毛5，你要就要，不要就拉倒。”妈妈扔下钱就走。

师傅上来一把拽住我妈的胳膊，嚷道：“不能走！少一分钱，你今天都别想走。”

“你给我放手。大白天的你耍流氓啊。”我妈急了，说话间就是一巴掌打在了师傅的胳膊上。

“臭娘们，还敢打人。”理发师傅用力一甩，我妈整个人都飞了出去。

一头磕在了旁边的树上，瞬间鼓起一个大包。

我赶紧放下手里的吃，跑过去对着理发师傅又踢又打。他轻轻一甩，我也飞了出去，跌落到我妈的怀里。

“妈，要不给他5毛吧。”我看着妈妈额头的大包，哭着说。

“不给。打死也不给。”妈妈用两眼瞪着理发的师傅。

也许是理发师傅被妈妈的不屈服震住了，也许是看到妈妈额头的大包吓到了。也没再追要钱。

回家的路上，我问妈妈，为什么不理发师傅5毛钱。

妈妈说，“他是骗人的，整个集没有一家涨价，就他涨价。他就是看我们娘俩好欺负，才想多要点，我就是不给他。”

“这个师傅也太坏了，就为了2毛5分钱还打你，妈妈你疼吗？”我问道。

“不疼。”妈妈一把把我拦在怀里。

讲到这里，我看到老大爷的眼睛再次湿润了。短暂的平静，老大爷又笑着说：“陈年往事不提了，我现在最主要的事就是把头给你剃明白。”

看着老大爷脸上不断泛起的笑容，我知道，他是真的很开心用这样的方式来度过自己的一生。

我掏出10元钱给老大爷，老大爷说找不开，还是5毛的价。

一辈子不涨价，这是老大爷一直以来恪守的准则。

虽然每天只能有十几块钱进账，但他已经心满意足了。在老大爷看来，十里八村的人找他理发，每天都有人陪他聊天，远比赚多少钱幸福得多。

[4]

像老大爷这样的人在集市上有很多，或是卖菜的，或是卖鱼的，或是卖香油的……他们一辈子没有什么追求，就是把自己用双手劳动来的成果，换取一点微薄的利益，简简单单、轻轻松松过一辈子。

他们也许一辈子没见过10万元块钱，他们也许一辈子都没到饭店吃过一顿饭，他们也许一辈子都没出过县城，他们也许一辈子都没见过飞机……在他们眼里没有成功失败，只有庄稼收成好坏；在他们眼里没有赔钱盈利，只有自己吃还是拿去卖；在他们眼里没有今天吃肉还是吃鱼，只有家里有啥就吃啥。

忙的时候，起早贪黑，春种秋收。闲的时候，置身街头，喝茶唠嗑。这样简单朴素的生活，多数人一过就是一辈子。

孩子长大了，接他们去城里，他们拒绝了，他们说身边没有熟人，闷得慌。孩子有钱了，给他们买智能手机，他们不舍得，说有个老年机用着就够了，反正只是接个电话；孩子回家了，给他们添几件新衣服，他们说还有，一件衣服缝缝补补穿了几十年，不舍得丢。

在他们的人生中，没有灯红酒绿，没有大鱼大肉，但他们有自由自在的生活，他们有舒舒服服地交际，他们有健健康康的身体。谁又能说这样的人生不是成功的呢？

想想那些远赴大城市辛辛苦苦努力打拼一辈子，在外面叱咤风云，抢名夺利，到头来追求的无非也是简简单单、自由自在、舒舒服服过一辈子。

所以，成功不是你拥有多少别墅豪车，也不是你拥有多少金钱美女，更不是你认识多少高官富商，而是用自己喜欢的方式度过一生。

成就最终的独一无二的自我

[绞尽脑汁让孩子自卑的父母]

刚过去的春节，很多人与家人团聚，享受着团圆所带来的美好，父母康健，手足情深，爱人厮守，孩子绕膝，阖家欢乐，衣食无忧，安居乐业……但对于另一些人而言，团圆就没有那么美好了，更多的时候团圆意味着一种痛，一种危险。

我在北方小镇的一个破旧茶馆里，玻璃杯中的绿茶冲了几泡，舒展开的茶叶浮浮沉沉几回的时光里，和朋友W一起，听了L的故事。

L是家中四个孩子中的老三，唯一的男孩，如果按照中国重男轻女的传统，他应该是父母最爱的孩子，但是事实并非如此。他的父母对他有诸多的挑剔和不满。他今年31岁，大学毕业后在一个三线城市做着红酒代理的工作，平时炒炒股票，每年的收入在当地算颇为丰厚的，他的生活过得也还可以。因为不确定未来在哪个城市生活，他还没有买房。对于他的父母来说，这个儿子没结婚，没房子，过得实在是太失败了。因此，这个春节，他听了许多父母的唠叨、催促，甚至责骂。他说，我春节与父母在一起，没得精神病真觉得自己心理素质好！

他喝了一口茶，目光望向我不知道的地方，缓缓地说：这几年，我渐渐明白我内心一直在追求的东西是什么，就是在追求父母的认可和肯定，我做的所有的事情都是为了这个。他接着说：原以为人长大了就不会再渴望父母的肯定，可实际上我似乎还一直活在童年里。

L告诉我，小时候他特别渴望父母能表扬他，夸赞他，哪怕只是一句都好。比如做了某个事情，父母对他说，你做得好。可这个愿望从没有实现过，父母对他总是不满，觉得他不聪明、懒惰、笨拙、学习成绩不好、不会说话，总是不如别人家的孩子，仿佛他令父母蒙羞。其实，他是他们村为数不多的考上高中和大学的几个小孩之一。

为了得到大人的肯定，L常常跑去别人家帮忙干农活，因为其他大人不会像父母一样挑剔和指责他，而是给予自己很多的肯定和赞美。L经常跟父母对着干，父母让他干的活他就是不干，原本他可以做好的事情，也不知怎么地做得一塌糊涂。这导致L的父母越发对自家孩子不满，觉得他叛逆，无能，不懂事。多年后的今天，L似乎有些醒悟，若不是父母经常那样评价自己，他其实很多事情可以做得更好一点。

因为得到的肯定太少了，他从小就很自卑，人际交往中总是感到紧张，难以表达自己。高中时他喜欢一个女孩子，一直不敢去靠近对方，更无法去表达自己的感情。这三十多年来，父母的肯定是童年未被满足的心愿，像悬挂在驴面前的一根胡萝卜，L就是那头驴，为了吃到这根“肯定牌”胡萝卜，他不停地追逐着，焦虑着，疲惫不堪着。

L深情地回忆起自己高中时去W家做客的情景，看着W和自己的父亲畅谈时事政治，两人可以有说有笑的场景，他无比羡慕，因为自己和父亲在一起时，两个人完全无话可说，就像两根被冻住的木桩。W的母亲温柔的话语，动听的声音，做的面食，美味无比，这些他至今都难以忘怀。他说，当时多么希望自己有W那样的父母。因为这次做客的经历，他一有机会就去W家玩，还跟着W的母亲学做面食，这位母亲称赞他聪明懂事，让他激动得睡不着，他在黑夜中无数次幻想自己“如果生活在这样的家庭中那该多好啊！”

有趣的是，W并不觉得自己的父母是多么好的父母，他觉得自己父母那密不透风的关注和爱令他时常感到窒息，那种对他的学业、工作、婚恋，以及生活中大大小小事情无时无刻地担忧和操心，所有的这些都让他活得沉重、内疚又自卑，似乎自己是一个没用的人，父母无法信任他的能力。

我想起女友小敏曾很难过地说起，男朋友和他的父母来自己家提亲的事情。她的父亲在男朋友和未来的公婆面前说了一两个小时她长得如何不好看，做事情是如何偷懒，脾气禀性是如何不好，身上有这样那样的缺点和毛病，对方能够娶自己的女儿，自己是如何感恩戴德等话。她一直渴望父母的肯定和认可，这次提亲再次使她旧伤复发，不过也使她决定彻底放弃寻求父母的认可，过好属于自己的日子。

小敏和L的父母是中国大多数父母中的一员，他们在家庭教育中奉行“赞美会导致骄傲，骄傲会使人落后”“批评才能使人进步”的文化观念和准则，他们的教育是训斥、挑剔、责备和打骂孩子，因为这样做是“为了孩子好”。他们不会在外人面前称赞自己家的孩子，经常的做法是在别人面前贬低自己的孩子，因为这是谦卑的表现，也许也是一种习惯或者社交上的安全策略。所以，当我们取得一点成绩，想跟父母分享自己的喜悦时，父母却说：你看谁谁家的某某某，人家可比你强！当你考了95分时，父母会说：你好好想想，那5分丢在了什么地方……

这是一种绞尽脑汁使人自卑的教育。也许正是这种教育，培养出自我价值感普遍偏低的中国人。据说，中国人去发达国家，最惊讶的是一个司机或是一个清洁工，都活得趾高气扬，精致得体。而我们这边，因为普遍的自卑情结，摧毁了一个人的精气神，就像陈丹青说的那样，人人都长了一张受欺负的脸。自卑化的教育使一个人难以活出自我实现的人生。

每一个人在心理上都有获得肯定与赞赏的需要。孩子的心智发育尚不成熟，常常根据别人对自己的评价，尤其是父母和老师的评价来给自己定位。如果父母经常肯定和赞赏孩子，他的心里就充满了自豪和自信，觉得自己很优秀很特别。如果孩子平时听到的都是父母对他的训斥、挑剔、责备甚至挖苦，他就会觉得自己很失败，什么都做不好，就容易产生自卑心理。孩子会内化父母对自己的评价，他们通过父母确认自己在世界上存在的价值、意义和对他人的重要程度，他们自我价值感的高低与父母的肯定密不可分。

[做自己的好父母]

如今，我看到越来越多的70后，80后成为父母后，对孩子的教育朝向了另一个极端：孩子吃口饭就狠夸孩子多棒，孩子喝一口水就狠夸孩子多么了不起。也许是他们认识到父辈这种批评教育的弊端，所以进行了修正和超越，但更可能的是他们小的时候被肯定得太少，现在形成一种补偿心理，补偿童年不被肯定的缺失，满足儿时的心愿。他们还常常抱着“孩子一定要富养”的育儿观，拼命挣钱，满足孩子物质上的所有需要，因为他们担心孩子受到物质匮乏带来的创伤。这也许也是另一种补偿心理，补偿曾经自己童年时所遭受的物质匮乏。

当父母对孩子具有补偿心理，正说明他们没有办法接纳自己的成长，不能忘记自己对父母的渴望。于是，他们的这种教育方法，同样会对孩子造成负面的影响。

也许在很多父母的心中，自己的孩子总是一无是处，令人不满和失望的，而别人家的孩子总是好孩子，是自己的孩子需要仰望的榜样，而在很多孩子的心中，自己的父母总是缺乏温柔与慈爱的，而别人家的父母才是自己渴望的理想父母。而吊诡的是，那所谓的“别人家的孩子”中有许多无法成为令他们的父母满意的孩子，“别人家的父母”中也有许多无法成为令他们的孩子渴望的理想父母。

父母与子女之间理解与情感的错位、隔阂，是多么残酷又令人忧伤。李安曾在电影《冰风暴》中借用漫画“超能四人组”描述了家庭成员间的彼此关系。“理查必须用反物质枪射杀变成人肉原子弹的儿子，四人组总是遇上这样的问题，因为他们和其他的英雄不同，他们就像一家人，关系越亲密，越容易不自觉地伤害彼此。这就是超能四人组的意思，而家庭就是那把反物质枪。你在家庭里出生，也在家庭里死亡。”

家是有爱的地方，但必须承认，家往往也是一个让你受伤的地方，这个伤害也许就来自于我们的父母。如果做一份调查，问有多少人对自己的父母满意，恐怕没有几个人会打钩。

“我的自卑和自我封闭都是父母造成了。”

“父母让我觉得自己总是不够好。”

“如果我没有遭受情绪上的虐待，一切都会很完美。”

“为什么父母伤害了我，却不能对我说一句‘对不起’？”

“为什么我有这样糟糕的父母？”

“为什么我内心总是渴望一对理想的父母，他们温和、耐心，懂得爱与自由，给我很好的理解和信任，让我快乐成长？”

……

相信以上这些是很多人心中的呐喊和痛苦。心理学知识的普及，让很多人很容易就找到自己问题的根源——“童年创伤”“糟糕的父母”，但是如果一个人把自己面临的难题，自己的不快乐全部都怪罪到父母身上，内心编造一出父母害你受苦的戏码，然后不停地重复播放，那他其实就是利用“糟糕的父母”为借口，不想为自己是人生负责，同时也将自己的生命能量困住了，无法活出更真实的自己。

我想，没有人愿意以受害者的身份度过余生吧。

生而为人，非常不易，无论是做父母还是做小孩，每个人都有自己的迷茫、挣扎、局限、无助和困境。越是长大，我越是明白，理想的父母并不存在，所有的父母都是凡人，他们不完美，因为世上本没有完美的人，他们有自己的局限和弱点，也有属于时代造成的创伤和遗憾。也许他们贫穷，也许他们强势，也许他们无知，也许他们过于控制，也许他们内在充满匮乏和不安，也许他们根本就不够格当父母……他们能做的，往往就是用自以为最好的方式对你，在自己力所能及的范围内尽最大的努力，却不能预料到，他们的这些做法会给你带来什么。

也许他们带给你很深的伤害，但他们却浑然不知。也许当你向他们指出这种伤害，他们要么是无动于衷，要么是暴怒：老子辛苦把你养大，真是养了一只白眼狼了！很多父母没有成熟的爱人的能力，又缺乏反省精神，面对此类父母，那些希望父母改变，变得懂得爱，重新爱自己，肯定自己的成年子女注定会再次失望和受伤。

与其渴望父母改变，成为自己理想的父母，还不如先改变自己。

你已经长大了，不再是当初那个等着被父母肯定的小孩了，你可以有其他的选择。

一个人的成长往往意味TA不再希冀父母的肯定，放下对理想父母的渴望，而是成为自己的父母，成为自己想要的那种父母，不再寻找、等待和依赖，学会爱自己，肯定自己，关怀自己，安慰自己，让内心那个“长不大的小孩”有一次成长的机会，去疗愈自己，医治自己，修复自己的生命。

成为自己的父母，学会对自己温和而又坚持。科胡特说：“在孩子的经验里，创伤与恰到好处的挫折只是程度上的差别。这个不同点在于一个母亲严厉地喊‘不！’，而另一个则是温柔地说‘不’。或者说这个不同点在于一个是令人恐惧的禁止，另一个是具有教育意义的经历。这个不同点也如一个父亲对孩子的大吵大闹还以敌对的暴怒，而另一个父亲抱住孩子并安抚他——坚定却没有攻击性，充满爱意却不诱惑。”失败时，学会鼓励自己，让自己从失败中振作起来；犯错时，学会原谅自己；管理好自己，对自己温和又坚持说“不”。

成为自己的父母，学会完全承担起自己人生的全部责任，对自己负责，把自己的自我整理好，让自己幸福和快乐，你就是自己最好的父母。

你的生命属于自己，你可以决定它到底成长为什么样子。你可以有自己的选择和努力，成就最终的独一无二的自我。

如果一个人能做自己的好父母，也就一定能做孩子的好父母，甚至能够成为父母的父母。

我们每个人
都是独立的个体

闺蜜们定期聚会，以前活跃于朋友圈的小M自从生了孩子，再也没出现过，每每发出盛情的邀请，M就说“没时间啊，我的孩子没人带”“哎呀，我也想去啊，可是我要带孩子啊，走不开”。

小C生完孩子后严重身材变形。以前的健身达人，每天坚持练习瑜伽的小C如今大腹便便。朋友们说，你为什么不去健身，走啊，一起跑步去。小C笑笑，我没时间啊，我要陪孩子，我可是个好妈妈。

好友J，以前可是公认的女神，长腿细腰大眼一头飘逸的长发。可是一眨眼变成了两个孩子的妈妈。过年回老家和J约来咖啡馆相见，J先到的，我走进去走了两圈也没找到她。最后发现自己竟然不认得她了。身材发福不说，一张脸蜡黄，飘逸的长发变成乱糟糟的在脑后揪成一个鸟窝。我惊讶，亲爱的，以前你是护肤达人，每天不化妆不出门，精致的打扮无懈可击啊。J笑笑，我每天忙于两个孩子鸡飞狗跳，和婆婆关系犹如打仗，我哪里有心思折腾这些啊。我问：那你以前常常的背包旅行呢？J叹了口气望着窗外，只说了四个字“天方夜谭”。我余惊未定，和J还没聊两句，J只喝了两口面前的咖啡，接了个电话，匆匆忙忙就走了，说娃哭着找她，下次再聚了。

身边常有这样的女性朋友，生了孩子后不仅形象判若两人，而且完全失去了自己的生活。由真正的女神沦为大妈。你与她们聊天，发现她们的嘴里，除了家长里短和孩子，几乎找不到其他的话题。她们标榜这是为孩子做出了牺牲，是个好妈妈。可是真是这样的吗？

小S曾经说过“我觉得，当一个好妈妈不代表要完全放弃自己，我们可以在爱孩子的同时，也爱自己。把自己打扮得漂漂亮亮并不代表肤浅，让自己开心也不用有罪恶感。但当你让自己过得开心之后就会发现：你的亲人和家庭，你周围的世界，并没有因为你的自私而变得糟糕。相反，正因为你活好了自己，他们也分享了你的快乐、幸福和成功；你所能给予家人和这个世界的，反而会更多”是的，爱孩子的最好方式是，爱自己，让自己不断进步和成长，当你开心和成长，你才能将自信和能量传递给你的孩子。

如果你一味地为了做个伟大的妈妈，而放弃了自我。你全部的追求和焦点会不断地向孩子倾斜，生活会逐渐失去平衡。固然，孩子的快乐会给你带来快乐，但是那并不能让你成为一个更好的自己。

很多年没见的燕子姐，再见面依然优雅如故，容光焕发，当了妈妈之后并没有让她有太多的变化，反而流露更从容的味道。她一直担任某国际品牌公司的区域总裁，按道理，光忙于工作就让她分身不暇了。但是这些年，她将工作和家庭平衡得很好，而且孩子也被教养得很好。优雅自信的燕子抿了口咖啡，与我聊起了电影、书籍。我惊讶，你去电影院看了这么多电影？可我生了孩子之后，已经三年没有进过电影院了。燕子目光灼灼地看着我说，你要知道，除了孩子，你必须拥有你的世界和时间，这并不影响你成为一个好妈妈。至于用什么方法腾出这样的时间，我想，如果你去想办法，没有办不到的。

我以前是个背包客，没孩子之前每年踏上一双登山鞋，背上大背包，去很多地方旅行。生了孩子之后，在孩子10个月的时候我就带着他出门远行，在山脚下一个小饭馆里，老板娘和我聊天说，带孩子出来不容易吧，我说：其实还好。老板娘说，昨天有一对很牛的小年轻的来我们这里吃饭，带着仅仅8个月的孩子，攀岩，露营，真是疯了一般。我惊讶得说不出话。

真正的热爱，不会因为你有了孩子就停止追寻。真正的优雅，不会因为有了孩子就被生活打败。

别再拿孩子当借口，你只是还不懂如何平衡生活。

内外兼修这件事，是女人一生的追求。只是当了妈妈之后，需要比以前更加努力10倍。

下面分享一些平衡指南：

1. 坚持健身的方法

当了妈妈之后，最大的问题，就是身材走样。每个生养过孩子的母亲，都深深地明白，生完孩子之后，地心引力会开始加速。以前紧致的地方也松了，弹性的地方也下垂了。而保持身材和状态的最佳最省钱的方法，就是健身！看看60岁的克里斯蒂·布林克利保持青春和紧致的秘诀吧，运动才是硬道理。

那么如何在带孩子的时候还能坚持健身呢？有两个方法，如果你家楼下就有健身会所，你可以晚上将孩子交给老公1个小时，然后去健身房一个小时。或者，如果没有健身房，最少在小区里跑步半个小时。每天1个小时的汗水，才是让你青春永驻的神方。

可能有人会说，老公工作忙没有时间带孩子，本人也是属于这种情况。我仔细计算过，如果想要腾出时间健身，每天早上必须早起，这样，早上的这段时间才是真正属于你的时间。如今的我，每天早睡早起，坚持在早上6点起床、浇花、瑜伽或者跑步，然后给家人做营养早餐。

2. 保养和护肤是每个妈妈的必修课

很多当了妈妈的闺蜜最常挂在口边的一句话是，我每天连洗澡的时间都没有，哪里有时间护肤，化妆？那是因为，你并没有让你的孩子学会独立一点。每个人都是独立的个体，再小的孩子都应该学会独处那么小会儿，而不是像香口胶一样时刻粘着你。

很多妈妈一定要等着孩子睡着了，才累得困得受不了，胡乱洗了自己倒头即睡。而我的做法是，每天给孩子洗完澡之后，用故事机给孩子听故事，同时我就去洗漱。洗漱完成之后我再敷上面膜给孩子读几个故事，最后，陪着孩子一起沉沉睡去。

因为早起的习惯，让我早上时间很充裕的，做好基础的护肤和简单的化妆之后，再叫醒孩子。

3. 你在做什么，孩子就和你一起做什么

和孩子相处的生活哲学是，很多时候，不是你陪伴孩子，而是，孩子陪伴你。你去买菜，做家务，你去银行，去逛街，去聚会，孩子都“陪”着你。在欧美国家，你会发现，妈妈无论是去菜场还是博物馆，是去shopping还是聚会，即使娃还在吃奶，都用婴儿背带背着到处走。除了上班，其余时间，孩子都会被我带在身边，他不仅陪伴我，还是我的小帮手。

4. 读书和旅行，你应该同孩子一起

我会和孩子一起读书，一起旅行，当了妈妈，你自己的热爱不应该放弃，而是，带着孩子一起！孩子需要陪伴，也需要独立专注的时间。一般在孩子独立专注玩自己的玩具或者画画时，我就会抓紧时间看书。带孩子去上兴趣班，我从不会看手机，而是抓紧一切的时间：读书！这么些年，已经带孩子走过很多个国家和地方，也许有人说他这么小看得懂啥。但是我觉得，带孩子旅行，是让他参与我生命的成长方式。谁说只有妈妈参与孩子的生命，这个，是个相互的过程。

不要因为错过了一个小时，或者两个小时的陪伴，就引起深深的内疚。短暂的离开，并不会影响孩子的成长。孩子更需要的是高质量的陪伴，和一个快乐自信的妈妈。一个好妈妈，懂得如何平衡工作与家庭。懂得如何教会孩子，我们每个人都是独立的个体。当你微笑着绽放，孩子就能感受温暖、幸福和爱。

一个人的时光
也是不可辜负的

二十几岁开始，我渐渐被迫习惯了一个人的时光，仿佛作为一个成年个体，从这个年龄出发，就有了必须要独自去经营和挑战的生活，和他人再无牵扯的关联。于是在那些孤独的日子里，我一个人找工作，一个人吃闭门羹，一个人决心辞职，一个人申请签证，一个人坐十几个小时的飞机落在南半球的绿草丛生里，在那里一个人吃饭一个人读书一个人坐在咖啡馆的角落喝热可可。最惨的是，那一年我和男朋友分了手，生活里至此少了一个可以分享快乐和幽怨的角色。我突然发觉身边怎么连个一起看电影分享爆米花的人都没有了，坐在电影院最中间的座位，看一场刺激暴力的枪杀片，3D眼镜里的子弹嗖嗖地射在我身上，我捂着胸口，被一群情侣包围着，一个人暗暗流着泪。

那段身处异国的时期，即便把生活用打工装满，每天晚上回到家里，心里却依旧是空空的。失去了身边男生的长久陪伴，仿若失去了一种共同探索生活的乐趣，我听得到生命里有一扇窗被重重地关上，从此再也不能够从那里窥探到外面世界的璀璨和美好。于是每天晚上十点后，我从打工的餐馆回到家，一颗心百无聊赖，趴在床上，打开电脑看两集柯南，五分钟刷新一次人人网和朋友圈，这几乎成为消遣孤独的必备程序。可是长久以来，我的精神异常空虚，生活严重缺乏动力，这是一种从心理上散发出的苍白，比体力上的疲惫更要糟糕，深夜里盯着天花板，身体早已睡去，精神上却清醒无比，呆呆地看窗外投进来的车灯在墙上拉出长长的光影，双手揽住膝盖，一边害怕鬼怪，一边害怕明天。我听得到自己失望的声音，在无边的黑暗中蔓延，这就是你日复一日的生活吗？

有一天在网上刷朋友圈的新鲜事，读到一篇文章，讲的是台湾文案教母李欣频，如何用诗歌般的创意文字将诚品书店塑造成为台北市的文化地标。她为《诚品阅读》杂志做形象广告，后来就成为广告专业学生的必修课“海明威阅读海，发现生命是一条要花一辈子才会上钩的鱼。凡·高阅读麦田，发现艺术躲在太阳的背后乘凉。弗洛伊德阅读梦，发现一条直达潜意识的秘密通道。罗丹阅读人体，发现哥伦布没有发现的美丽海岸线。加缪阅读卡夫卡，发现真理已经被讲完一半。在书与非书之间，我们欢迎各种可能的阅读者。”她为诚品旧书拍卖会的文案也受到粉丝的热烈追捧，“过期的菠萝罐头，不过期的食欲；过期的底片，不过期的创作欲；过期的《PlayBoy》，不过期的性欲；过期的旧书，不过期的求知欲。”那一年，三十七岁的李欣频，已经去过三十七个国家，用7年出版26本书，坚持一天读一本书，一天看一部电影。她说，“每天看一本书，一年就能与别人有365本书的差距。阅读是一个很棒的感受，召唤另外一个灵魂来跟你对话。这是最大的资产，没有人可以拿得走……”这个把生命活成一场盛宴的女人，就成全了我日后的自我拯救。

那时精神上贫瘠不堪的自己，迅速被那种向上的生活方式所吸引。倚在床头，披头散发，借着台灯微弱的灯光一边吃薯片一边喝软饮料觉得生活无聊透了的我，不禁问自己，距离三十七岁，还有多少日子，到那个时候，我可以成为李欣频那样背着大大的双肩包，用纸笔相机来施展创作欲，满脑子都是新鲜想法的特立独行的女人吗？我开始意识到，如果只以每天看两集柯南再紧盯朋友圈更新的态度来生活，我可能在三十七岁时迎来这样的人生——熬到了柯南大结局，或许也顺便看完了银魂和海贼王，朋友圈的更新日新月异，只有我被腐蚀在岁月的沉渣里。

这种关于未来的设想，像是一记耳光，啪一声落在我年轻的生命里。从前的我，坚信男人是一扇窗，可以带我领略外面无尽的风光，他们对世界有种无边的探索欲，天生懂车懂历史也懂股票，脑瓜一转就知道哪里有青山绿水的美景，哪里有精致可口的西餐，哪里的影院有最好的音效，哪里的酒吧有知名的乐队驻唱……所以当这扇窗被关上，我的世界仿若失去一束光，却忘记我也有生命自备的锄头，只要拾起来亲自动手，也可以砸掉隔开自己与世界的这层屏障，在单调枯燥的生活里竖一扇宽敞明亮的落地窗。生活的层次深浅，最终是要依靠自己去决定。

就是在那一年，发觉单身的时光，并没有想象中那般无聊，虽然失去了两个人一起尝试新鲜构造浪漫的快乐，可是如果能够在生活里为自己树立良好上进的目标，在持续不断的坚持下目睹生活的蒸蒸日上，也是一件踏实美好的事情。我为自己的人生列出了一张清单，从前恋爱时没有时间看的书和电影，终于可以用一个人的日子慢慢品味欣赏；从前恋爱时享受美食不知不觉长到身上的赘肉，终于可以有足够的空闲用跑步去消除；从前恋爱时每到月底总是捉襟见肘的财政状况，终于可以用大把的时间去好好赚钱；从前恋爱时未曾设想过的未来，终于可以静下心来和自己来一次认真的对话。

那一年，第一次沉下心来为自己做一次生命的改造，发觉除去爱情，生活中还有那么多的东西值得自己细细体味。严歌苓笔下辛酸的移民故事，大卫芬奇镜头里的悬疑片，跑步机上持续不断的慢跑，细细琢磨菜谱认真烘焙的巧克力饼干，这都为生命提供了一种热闹欢腾的存在形式。单身的这一年，我读了二百余本书，看过九十几部电影，跑掉一千几百公里的距离，吃掉让人感动的很多自制美味，发觉读书是让人成长最快的方式，运动提供了静心思考的途径，看电影是旅行的最佳替代品，研究美食是女人的另类才情……单身清单上的大多数可以被移除，而那些暂时还没有完成的，就留给更加努力的下一年。

我的精神达到前所未有的活跃程度，回望一条从一个心灵贫瘠的小丫头过渡成一个内心宽厚的成年女子的路途，我想我终于可以理解前任，释怀那些年他对我的万般嫌弃，一个外观不过硬，内心层次又不太高的姑娘，也许得不到好的爱情的。

感性多于理性的女人总是喜欢用经济学去衡量爱情，把不同质量的男人比作股票，纷纷想扔掉垃圾股，抓牢潜力股，看准绩优股，可是在购买股票之前，若想稳赚无赔，是否也该保证自己是个深谋远虑的智慧股东呢？

几天前去朋友家做客，朋友正忙着做家务，弯着腰除尘，抬头时撞到坏掉的微波炉，顿时眼泪止不住地掉下来，我急忙安慰，朋友却摇摇头，“不是因为太痛，是因为心情太糟，我怎么总有做不完的家务，担忧不完的心事呢……”我环顾这个小小的家，只不过才经历一年的时间，角落里就堆满杂物，需要清洗的衣服垒得老高，天花板上的霉点清晰可见，锅碗瓢盆堆在水池里还带着上一顿的食物残渣。我听着朋友开始数落那个下班后就坐在电脑前打游戏的懒男人，却没忘记那一年失了恋的她，抓住了那个男人顺下井底的一根稻草绳，迫不及待地爬出来，是多么地狼狈。我抿了抿嘴，不知该说些什么，却想起了另一个朋友。

我的另一个朋友，是出了名的有性格。每一次分手，都要有一年的闭门期，她把这称为一种修行。这段空档期，用来清空旧的情绪垃圾，用足够的时间完善自我，不会把重心再放在爱情上。她会挑一件新鲜的东西去学，插花，日语，舞蹈，高温瑜伽，又或者来一次静心的旅行，不管是哪一样都全身心投入，用新的知识和眼界升华自我。等到闭门期一过，她再欣然接受男人的邀请，而这下一段的恋情，大多质量要比上一次的好。她和我说过一句话，听起来特别理智深刻“爱情是一件等值交换的事，你不会蠢到在现实中用高价去买一瓶假的香奈儿五号，同样的，没有好男人甘愿无条件地去爱一个廉价的女人。”就像李欣频说过，“一定有好男人，只是你的视力还没到看得见的位置。假设好男人在5楼，自己在1楼，可能只看得到地下室的男人，到山顶你就会看到其他山头，而一直停在山脚下只会看到路边摊跟垃圾堆。”

你听说过这样一个实验吗？在一个房间放满了不同频率的音叉，如果振动其中一个音叉，另外一个和它振动频率相同的音叉也会被引动，后来它被延伸为一个理论，多年来被身边的人不断证实，一个人的思想，情感都带有一定的振动频率，所以会吸引和他振动频率最相近人、事、物。所以，我亲爱的姑娘，现在的你或许失恋单身还在对那段伤心的旧情耿耿于怀，请收起你的眼泪和失落，生命是一场公平的赛程，在时光轴的这一端你潜心修行，那一端就一定会有更好的人在等着你，他健康向上，幽默开朗，睿智忠诚，正等着许你一生的好光阴和不辜负。

越努力 你会越幸运

十几年前，当我还是个菜鸟记者，自以为是地总结了采访中的几个常规提问，专门在原先预备的问题用完了或者暖场时提，期待有包治百病屡试不爽的效果，比如问企业家：您人生中特别重大的一次转折是什么时候？最艰难的时期想到过放弃吗？可是，这样的问题用了没几次就失灵了，采访对象笑眯眯地坐在我对面反问我："请问改变你命运最重大的时刻是什么时候？"

我被问住了，在我尚未华丽丽铺展的人生中哪有这么重大的时刻？

于是，她换了个问题："你大学时学习之外打过工吗？打工对你有什么影响？"

怎么没打过呢？太问到我心坎上了，于是我们聊起来。

从大二开始，我就过上了半工半读的生活——因为大一的每个月，我都提前花光了父母给的充裕生活费，每次支取月银的时间都比上个月早，然后回家蹭吃蹭喝，导致金主夫妇认为我财商太差，俩人像美国父母一样告诉我："你已满18岁，从现在开始我们每个月负担你一半的费用，其余自己挣。"

虽然不敢相信，我还是识时务地接受了他们的残忍，提前走上半自立生活，打什么样的工、工资多少就直接决定了我的生活质量。

有一次，某著名品牌红酒到学校招收兼职促销员，开出了当时我们看来的天价薪水：1998年的秋天，每周工作三个晚上，工作时间6：30~9：00，时薪15元，此外，一个红酒瓶盖提成6元钱。

我算了下，当时父母每个月给500块生活费，减半后成了250，而这份工作不仅不需要占用多少时间，一个礼拜就算一瓶酒都卖不出去，保守工资也有112元5角，两礼拜就挣够了余下的生活费，太划算了！

于是，我毫不犹豫地报名。

培训时，厂家拿出他们的工作服——一件大红色旗袍，一看就是迎宾的那种，还有一条印着厂家名称的正红色黄穗穗绶带，还要求化妆，我瞬间石化，难道要穿这么隆重？

我跟负责人说绶带可以围裙子不能穿。

负责人回答这是工作规定。我说要不你让我试三次，如果不穿制服不能把酒卖出去我就穿，这样的衣服和我们的学生身份太不搭调。

他是个很开通的人，想了想便同意了。

我把产品手册拿回去仔细研究红酒的产地、特点、企业情况，正式“上班”时，我穿了牛仔裤白衬衫扎了马尾辫稍微化了淡妆。

我工作的酒店经营精致湘菜，一共10个包厢，大厅另有十几桌，每个包厢一名服务员，我需要掐准时间在客人刚刚点完菜考虑酒水饮料的时候接上话头推荐我们的红酒。

工作第一天，我先和10个包厢的服务员以及大厅服务员交了朋友，都是年龄相仿的女孩，她们起初觉得大学生形象高冷，看到我这样被生活所迫出来打工的菜鸟大学生，很快共鸣并且嘻嘻哈哈打成一片，贴心的她们，会在最恰当的时间把我叫进包厢，不错过每一次可能的推荐时机。

而我印象最深刻的，是第二次工作时遇到的客户。

服务生小姐妹把我叫进包厢时，主座的儒雅中年男正在跟客人们商量喝什么，我立刻推荐了红酒，他反复打量我的绶带，问：“你是促销员吗？”

我说我是兼职促销员，今年大二。

他问我为什么勤工俭学做这个。

我说工资高工作时间少不耽误学习和玩耍。

他问我一天挣多少钱。

我说每小时15块，一周三天，一天两个半小时，此外一个瓶盖提成6块钱。

他问我学什么。

我说中文。

桌上一位客人笑起来，说你把李白的《将进酒》从头到尾背一遍，我们十个人可以喝三瓶你的红酒。

这是我强项啊，我倒水似地开始背诵：君不见黄河之水天上来，奔流到海不复还，君不见高堂明镜悲白发，朝如青丝暮成雪……

背完了问：还要附赠《蜀道难》么？

这个包厢为我贡献了三个瓶盖，更没有想到的是，主座的人后来推荐我做了他侄女的课外辅导老师，教作文，此是后话，当时他们还成了我的老客户。

一个月的促销员工作，我在记账本上记下第一笔工资1054元：450元基本工资，84瓶酒提成504元，业绩第一奖100元，以及，不穿工作服的优待——业绩第一奖是因为发动了酒店所有人帮我卖酒，提成给她们，我只需要冲销量。

工作后想起那段经历，意外地发现它居然至少对应了四条职场基本法则：

1. 精准的个人定位。

2. 团队的力量。

3. 差异化营销。

4. 维护老客户比开发新客户容易得多。

当年，我跟自己的采访对象滔滔不绝倾诉，讲完就后悔了，喝着人家的茶吹着人家的空调浪费着人家的时间讲着自己的破事，我特别不好意思地抱歉。

她挺开心地笑：“你那问题把我逗乐了，什么是人生中特别重大的转折？再重要的时刻也是因为你之前做足了准备，功夫都花在看不见的地方，你那段看似不务正业的勤工俭学对现在的工作难道没有帮助吗？”

我才知道，她原本是历史专业的研究生，意外走入商场，而谈下最重要的一笔生意，居然是因为客户对中国历史特别感兴趣，从夏商周到元明清，从尧舜禹到清十三帝，聊了很多次产品和若干次饭局，在竞争条件几乎同等的情况下，她胜出了。

我现在还记得她对我说：“大学时代我就觉得学的课程都没有用，除了当历史老师还能做什么，总想学点‘有用’的东西，工作不好找就考研，至少提升了学历，只是，我没有想到曾经被我看做‘无用’的专业成了业务的临门一脚，就好像在某一个不起眼的时候遇见的不起眼的人，做过的不起眼的事，或许会成为影响深远的机会，只是，人不能功利心太重，太计较得失和每一天的意义反而与机缘擦肩而过。”

请问什么是改变你命运的重大时刻？

后来，我再也没有问过这样的问题。

谁的生活不是由无数看似平凡、无用、琐碎的瞬间构成？谁的变化不是从点滴的量变积累，最终产生破茧成蝶的质变的力量？

不用期待命运在某个瞬间被突然扭转，那些改变我们人生的能量，就在普普通通的每一天。

祝你越努力越幸运，或许它就是你未来闪耀的起点。

找到适合自己的速度

生活是一个忙碌的舞台，以怎样的心态去演绎，才能收到最好的效果不留遗憾在人间，那就需要一颗善感的心，做好自己，有责任心，与人为善，广施博爱。蓦然回首，才发现，不管生活中掀起的是波光粼粼，还是惊涛骇浪，时光匆匆，最后都要归于平静。人生中难免会有恩怨情仇，但是，一旦学会了淡然，不去斤斤计较，懂得放下私心杂念，那么人生就会拥有更璀璨的明天。忙碌是一种幸福，让我们没有时间体会痛苦；奔波是一种快乐，让我们真实地感受生活。好好的生活，微笑在心中。忙碌，也是一种享受。可以在忙碌过后，有更多的感悟，引领着自己走好今后人生的每一步！人生的秘诀，寻找一种最适合自己的速度，莫因疾进而不堪重荷，莫因迟缓而空耗生命。走不完的前程，缓一缓，漫步人生！

忙碌的时候，会错过很多很多美丽的风景，只顾着低头赶路或者忙于工作，还哪有歇闲时间去顾及其他的感受呢！人生的路上，我们都在奔跑，我们总在赶超一些人，也总在被一些人超越。人生的要义，一是欣赏沿途的风景，二是抵达遥远的终点。也许，很多时候，不如人愿，但至少自己问心无愧，无怨无悔。忙碌中，感觉自己仍然很有激情与斗志；忙碌中，感觉不到生活的负担有多重。原来，我们都是登上客船远行的旅客，回望，远方一片苍茫。你可以一辈子不登山，但你心中一定要有座山。它使你总想往高处爬，它使你总有个奋斗的方向，它使你任何一刻抬起头，都能看到自己的希望。忙碌是一种幸福，让我们无暇空虚。让未来过去，让过去过去，人生的冷暖取决于心灵的温度。全心全意地投入，累到无力，不愿放弃，用内心的执着来安慰自己：好好干！虽没人为自己喝彩，但心中明白：人生就是一个舞台，尽情施展欢颜，才能博得众人的掌声。

忙碌的人生，如一叶扁舟，有越过海峡的坎坷，有迎接暴雨的呐喊，有漫步阳光的海面，有欣赏天籁之音的恬适。我不由感叹时间的匆匆，忙忙碌碌又快过去一年，我知道，忙碌之中，有几多甘甜；忙碌过后，定有一番奉献与收获！干不完的工作，停一停，放松心情；还不完的人情，掂一掂，量力而行。忙碌的人生，让人体会到生活的艰辛，人生的酸甜苦辣在记忆的海洋中畅游，饮下一杯佳酿，品位一段人生，让瓶塞将心中的难忘永远珍藏。其实，平平淡淡才是真，因为这才是生活。虽然时光无尽头，可生命有终点，既然谁也挽留不住昨天，不如就在今天的忙碌中，释放出人生精彩的瞬间，所以忙碌并应该快乐着生活！忙碌的人生，如一盒调料，有触碰舌尖的苦，有润湿双唇的甜，有颠覆脏腑的苦，有沾满指尖的辣。虽然忙碌，但幸运的是，做自己喜欢的事，将兴趣转化为实际行动，用责任心去推动它，挤去过多流连于梦境与互联网的时间，稍微的忙碌充斥生活，奔走于生活的每一个角落。忙碌的日子，时间总是如烟般缥缈，仓促的脚步再也无法定格在不变的记忆中，只好目送着一分又一分，一秒又一秒，在滴答声中渐行渐远。告别昨天，不断地赢来崭新的明天。

做自己想做的事就算再辛苦也觉得很甜蜜！尽管忙碌的生活令每个人无处可逃，可是，忙碌过后，是不是给自己留点时间思考或感悟呢？感悟真、善、美；多一些反思，思考到底该怎样的方式去做，才能收到满意的效果呢？忙碌的人生，让人更加懂得珍惜爱情、亲情和友情，享受着在暴雨中与海浪的搏击，耳畔传来一首首触动心灵的歌曲。忙碌的人生，如一首老歌，有感人伤怀的爱情，有催人泪下的亲情，有振奋人心的友情。忙碌的人生，如一壶老酒，有发自内心的清香，有回味人生的辛辣，有封存瓶塞的难忘。每天都很忙碌，忙碌让人觉得充实，忙碌也可以忘记很多的烦恼。每当我静下心来，我居然发现我真的很享受这忙碌的生活，不会有一点颓废的时间。漫漫人生长路就是永远充满挑战的，忙碌的人生，如歌的岁月，构成了人生精彩的篇章。忙碌，真的也是一种幸福！

每个人的生活都很精彩

在人生里，我们也许只能随遇而安，来什么，品味什么，有时候是没有能力选择的。学会随遇而安，你就能够轻松地挫败生活中许多看似不可战胜的困难。如果你不幸被生活中的黑暗偷袭，那就把它当作一次疾病好了。

每个人有每个人的活法，每个人有每个人的精彩，你不用羡慕别人的生活，有车有房的人，也许正在为还银行贷款而发愁；收入不菲的人，可能他的生活特别劳累……你羡慕他们，可能他们同时也在羡慕你，人生就是这样。珍惜你现在的生活，才是最重要的。

“青春的岁月，我们身不由己，只因这胸中，燃烧的梦想，青春的岁月，放浪的生涯，就任这时光，奔腾如流水，体会这狂野，体会这孤独，体会这欢乐，爱恨离别，这是我的完美生活，也是你的完美生活。”

听着许巍的这首歌，我感慨万千，感慨生活中的我们。多年前还在同一起跑线上的同龄人，转眼间却有着迥然不同的生活。可尽管如此，我们也不需要羡慕嫉妒恨，不需要捶胸顿足，不需要悲伤难过，而是要品味自己的生活，感受自己的快乐，我们是独一无二的，我们的生活也是独一无二的，每一种生活都有独特的魅力。

时间飞逝得有些恐怖，生活差距的不断增加更是让人惊悚！实际上，生活，不就是生下来、活下去吗？每一种生活都有它独特的魅力，又何必羡慕别人、效仿别人的生活呢？

地摊可能会很乱，很影响市容，但它们是一道道亮丽的风景线，给人们带来了活力。每天早上摆好摊，然后坐在那里等客人，悠闲时抽根烟，或者摆弄下自己的商品，晚上回家数着赚来的钱，心里很踏实。也许他们并不富裕，甚至是贫穷，但是没有大城市的匆忙和压力，他们往往乐在其中。不要哀叹自己，也不要艳羡别人，感受每一刻，就会明白生活的独特。

有一条河隔开了两岸，此岸住着农民，彼岸住着僧人。农民们看到僧人每天无忧无虑，只是诵经撞钟，十分羡慕；僧人们看到农民每天日出而作、日落而息，也十分向往那样的生活。日子久了，他们都各自在心中渴望着：到对岸去。

终于有一天，农民们和僧人们达成了协议。于是，农民们过起了僧人的生活，僧人们过上了农民的日子。

没过多久，成了僧人的农民们就发现，原来僧人的日子并不好过，悠闲自在的日子只会让他们感到无所适从，便又怀念起以前当农民的生活来。

成了农民的僧人们也体会到，他们根本无法忍受世间的种种烦恼、辛劳、困惑，于是也想起做和尚的种种好处。

又过了一段日子，他们各自心中又开始渴望着：到对岸去。

芸芸众生中有太多像上面故事中的农民和僧人一样，总是羡慕别人的舞台、别人的精彩，而从来不认为自己也有专属的舞台。这个社会很现实，不是你要什么，就能得到什么。千万不要在羡慕中错失了自己的精彩，要知道你不能把握万物，唯一能把握的只有自己的心灵。面对浮躁的社会，不能悲观和急躁，我们需要的是一颗淡定的心；也不要片面和简单地去模仿那些“成功”的励志故事，要相信每一个生命都有它独特的魅力。

我们热爱生活，就因为生活是不可复制的，每个人都有自己的生活，不必拿眼睛盯着别人，而没有品出自己生活的味道。只要真诚地体验、感受和品味生活，你就会获得幸福的密码。

其实，我们热爱生活，就因为生活是不可复制的，每个人都有自己的生活，不必拿眼睛盯着别人，而没有品出自己生活的味道。只要真诚地体验、感受和品味生活，你就会获得幸福的密码。

生活是潜移默化的，在尚未察觉时却蓦然发现，希望与快乐早已在你身边。生活的魅力是需要我们去感悟的，希望每一个人都可以自豪地宣称：世界很精彩，生活很精彩，我也很精彩！

难道因为平凡，所以努力就不可贵了吗

[1]

在“陈道明发飙”话题成为微博热搜前，一位编辑就因为深受触动，把那段视频分享给了我。

陈道明发飙源于《传承者》节目的一出花鼓表演，几十个来自山西稷山的农村孩子表演了一出高台花鼓，表演难度极高，孩子们动作整齐划一，赢得满堂喝彩，却遭来青年评论员们的批评：很多人一起表演，面孔单一，没有个人英雄。

陈道明老师反驳道：“每一张脸怎么会是一样的呢？是你没看见他们每一张脸的样子。世界上没有这么多主角，大部分人一辈子可能要甘于寂寞，甘于平庸，但是，请不要打击他们的努力。”

是啊，每一张脸，都是不一样的——只是我们没看到而已。

[2]

我想起一件真实发生过的事。

我们学校常常有很多游客慕名来访，学校为了安全，规定游客要刷身份证进入，学生要出示校园卡进入。但还是有一些学生会偷懒不出示校园卡，如果保安好心体谅，也会放他们进去。

有一天，我的同学跟我抱怨：“校门口的那个保安太讨厌了，我看着不像学生吗？干吗非把我拦下，臭着脸要我出示证件？切，他不就是个保安嘛！”

我的心有一点被刺痛到，却还是佯装平静地问：“哪个保安？”

“就是那个校门口的保安啊。”

我解释道：“他们是轮岗的，你是说哪个呢？”

同学支支吾吾答不上来，反而说：“我哪记得，反正他们都一样。”

她想了想又补充了一句，语气里满是轻蔑：“这些保安，都是社会底层，水平太差了。”

我苦笑。

对这位同学来说，所有的保安，穿着同样的制服，出现在同样的地方，所以他们没有名姓，面目模糊；他们拿着微薄的薪水，做着简单的工作，所以他们平凡庸常，甚至让她瞧不起。

[3]

可是，对我来说，不是这样的。

对我来说，每一位保安都有不一样的面孔，他们年纪不一，性格不同。我知道，虽然他们的薪水就是每座城市所规定的最低工资标准，但他们可能比那些常常翘课的大学生还要努力地在生活。

我知道这些，是因为我的父亲就是一名保安。

在小区居民眼中，他穿着制服，站岗时一动不动，即使和别人换了岗，或者有一天不再来了，也不会有人注意得到。他这样平凡了一辈子，很少有人会记住他的脸。

只有他的家人——比如我，才会知道：

风霜雨雪，他从未迟到过——因为晚到，就意味着交接班的同事需要等到他来才能下班。冬天，寒风像是要狠狠在脸上剜出口子。路上积雪的时候，天还没亮，就要提前两小时出门，以防路上发生状况，到了岗位后，还要花几个小时铲除小区门口的雪。

上夜班，对身体很不好，可是作为一名保安，他一半的工作时间都在上夜班。半夜需要保持清醒，因为随时要给私家车放行，还要定时定点在小区内巡逻，侦查有没有可疑人等。

有一次，有活动要征集和爸爸的合照，我这才发现，我和爸爸已经好多年没有一起拍照了。因为，他的工作是没有春节、国庆之类的假期的，我们很多年没有一起出去旅游过，也就没了合照的契机。

红遍网络的励志鸡汤告诉你，如果你过得不好，那都怪你没有努力。可事实上，并不是这样的。并不是努力就一定能逆袭，就一定能站在聚光灯下，成为万众瞩目的人生赢家。

我的父亲，也没有怠慢他的工作，他还曾经因为抓到一个偷电缆的小偷被通报表扬而自豪了很久。可是，在大多人眼里，他还是面目模糊，平凡无奇。

还有更多的人，他们需要很辛苦的工作才能勉强达到温饱线，过上你或许根本不屑一顾的生活。

陈道明老师说得没错，世界上没有这么多主角，大部分人一辈子可能都默默无闻。这才是长大后，应该明白的人生真相。

[4]

给我推荐那个视频的编辑说，她最近一直在找励志类的选题，但是看到的很多文章都不太满意——很多文章看过之后虽然瞬间鸡血飙升，但其实更加剧了内心的焦灼和不安。

不少鸡汤，都是讲“我有一个朋友”曾经如何落魄，通过努力后如何脱胎换骨，成为光芒万丈的牛人。这些鸡汤暗含一种急于求成的、个人英雄主义的心态，宣扬超凡、鄙视平淡，让处在平凡生活中的我们看完后，更加渴望脱颖而出，恨不得下一秒就逆袭成功。

鸡汤没有告诉我们，这世上还有很多人，他们也在很努力很努力地生活，却依旧湮没在人海，成了你看不到的、你以为一样的面孔。

真正的励志不该是灌输人们，努力就一定能立刻逆袭。事实上，我们可能辛苦工作一年，也买不起那些富二代们随手就能刷下的奢侈品。当有钱人轻松到海外置地的时候，我们还在被每个月的房贷而压得喘不过气来。

我想，真正的励志，应该是教你看清生活本来的样子后，还令你仍旧愿意努力，踏踏实实地付出，只为了比现在好一丁点的未来。

罗曼·罗兰说：世界上只有一种真正的英雄主义，那就是在认清生活真相之后，依然热爱生活。

我的父亲没读过罗曼·罗兰，却天生有着乐观的精神，他永远开朗积极，从来不会因为工资微薄就消极怠工，从来不会因为现状艰难就抱怨社会。他守在螺丝钉一样的岗位上，认真地做好他的分内事。

我出身于平凡的家庭，早就过了相信努力就一定有回报的年纪，可我却依然选择努力生活——因为我更喜欢这样的自己。比起无所事事，我更享受努力奋斗的过程，哪怕我清楚地知道，并不是所有的努力都一定会有收获。

[5]

每一个平凡人的每一张脸，都是不一样的，只是你没有看见而已。

陈道明跑了七年龙套，才有了出头之日；而有些人，哪怕努力一辈子，也未必能成为光鲜亮丽的主角。但是，即便没有光环加身、万众瞩目，我们也未曾懈怠，依旧选择认真地过好每一天的生活。

请你尊重，每一个平凡人的努力。

你的每一个时光 都值得回味

[1]

前段时间，我说走就走就来了云南。

出门前，计划把时间定为半个月或者一个月。

朋友说，你疯啦？出去那么久，工作不要了？

我说，我就想出去走走看看。

朋友说，出去玩儿就去几天呗，出去那么久浪费时间啊。

在一般人看来，年纪老大不小了，整天就想着出去游山玩水，整天就梦着开启晒着太阳发着呆的度假模式，拿那么多时间去玩，不工作不挣钱，大概就是在浪费时间浪费人生了。

我也这么想的，左手是出游，右手是老大老实继续上班，一直摇摆不定，纠结了很久。最后是心一狠，果断买了去云南的票，不给自己反悔的机会，安慰自己算是圆一个流浪梦。

真的走到路上了，认识了同行的伙伴，才明白，没有什么是浪费的。

小伙伴是在网上捡来的，嗯，准确说来是我们被他们捡到。别说危险，不认识就跟别人走，畏手畏脚的人是体验不到不同人生的。

两个小伙伴，他们来自不同的城市，原本不熟悉的两个人在路上遇见，一拍即合，臭味相投，一年年一次次结伴，背着包走过不同的城市，拼车拼房拼路费，奢侈过，也节约过，他们走了大半个中国和东南亚，这是他们第N次出走。

他们从自己的城市到胡志明汇合，到芽庄，到大叻，到美奈，到岘港，到河内，进入云南，打算走云南还未走过的那条线路。偶然捡到了我们，一路同行，从石屏到建水，到元阳，到个旧，到蒙自，到普者黑，到坝美，到罗平，我们回去昆明，他们继续走贵州。从年前一直走到年后，用将近一个月时间跨国跨省，像是跨过了又一段人生。

我问他们，你们觉得浪费时间吗?

他们说，不浪费，趁着年轻多走一些地方，多体验一些生活。

他们在越南过春节，骑摩托车，在白沙丘撒欢，在汽车顶上拍照，在海边吹气球，泡泥浆浴，做桑拿，去酒吧喝酒，尝遍各种海鲜，走过越南的一座座城，看一个个建筑物，聆听了一个个人文故事，认识了一堆堆有意思有故事的人，也收获了一片片欢声笑语，这样的日子只是听听都羡慕得不要不要的。

他们说，特别有意思，一天起码要笑十次，还不止。

我想起那句话，笑一笑，十年少。又想起在城市里忙忙碌碌奔波，总是眉头紧皱的人们。

这样的生活浪费了什么？日子过得比枯燥地上班下班买菜煮饭带孩子的人生有意思多了；他们的独立、自理、计划、统筹、应变能力也是两点一线的宅男宅女不能及的；当然，他们的身体也是棒棒哒，根本不愁运动，每天都在走走走。

有得必有失，要想获得不一样的经历，就要舍得放下其他东西，也许是没有在工作，没有在挣钱，但精神的愉悦、内心的丰满和能力的锻炼却是任何按部就班的工作无法给予的，这不是浪费，这是一种成长。

[2]

被我们说浪费的时光和事情很多，我们总是在以自己的标准在衡量每一件事的意义，并定义值得与不值得，值得的事情就是赚了，不值得的事情就是浪费了。

有的人觉得在学习在进步，才不是浪费了时间；有的人觉得挣了钱有进账的日子，才不是浪费；有的人觉得只要是在行走在经历，就不是浪费……每个人的想法都不一样，于是“浪费”有了很多标准。

于是：

有人说，跟他好了三年，居然劈腿了，真是白浪费了几年好青春！

有人说，做这个职位一坐就是五年，加班多，累得要死，没升职，没加工资，白白浪费了这几年！

有人说，你学了这个专业，你又没做这行，那你读的那些书不就浪费了？

有人说，天天抱着手机就是浪费时间！

……

可我们不曾想过，这么普普通通的一件事的后面，究竟为我们带来了什么？时间是不是真的虚度了？人生是不是真的浪费了？

我的答案是，那可不一定。

看过一个海岩的故事，在他还没有红的时候，曾经在下班后花大把的时间偷偷摸摸地写他的第一篇长篇小说《便衣警察》。

在别人看来，只读过四年书的他无论资质还是学历，都不够格写出好的东西，根本不可能走上文学道路，还自不量力花时间搞这些东西，明摆的就是浪费精力浪费时间浪费人生。

可海岩这本小说出版之后，引起了轰动，获得首届“金盾文学奖”一等奖、全国首届侦探小说佳作奖。

杨澜采访海岩之后，总结的一句话是对“浪费人生”最好的解释：“他的经历证明，只要你是有心人，这人生啊，敢情就没有什么是被浪费的。”

你不花时间去相处怎么知道他就是渣？跟他在一起的三年，你也是快乐过，也被爱过，也让你学会了怎样去爱，也告诉了你感情不是肆无忌惮一成不变的，而感情变故给你的挫折让你学会应变，变得坚强，更让你懂得去珍惜下一段感情下一个好人，虽然不至于大度到没心没肺感谢他的辜负，但至少自己有所领悟也是好的。

在一个公司做了五年，也就是在一个行业做了五年，累积起来的人脉无数，资源无数，踏实做事和加班都让你比浑水摸鱼的同事收获更多，让你清楚看明白五年都没有升职是公司制度问题还是自己在某方面的欠缺？自己的问题当然是去改善去培养，就算是制度问题，凭借着这五年经验，出去混这个行业都是轻车熟路，资源、人脉和丰富经验是最宝贵的竞争力。

学这行，却没做这行，也许你在别的行业有了更好的发展，而你学的这行还在你的肚子里你的脑海里，做了你的知识储备，不定什么时候就派上了用场。知识再多也不嫌多，见多识广通晓得越多，出去才越有资本畅所欲言，才更接近成功。

我也是爱抱着手机的人，可是我并没有只是逛逛淘宝，打打游戏。我所有的信息都来自于手机，如果有心每天能获取信息量是看到凌晨都看不完。剖开了说，在淘宝买个东西，货比几家，能准确无误不换货不退货就买到要买的东西也是一种能力，新手买到渣货的概率肯定比老手高几倍。

就算只是在家睡个觉，好歹也补足了睡眠，淡了黑眼圈，让自己身心都好好地放松了放松。

你可以没有很宏伟的目标，可以没有打鸡血的行动，也可以没有巨大的经济收益，但无论是心灵的感悟、能力的提升、知识的增长或者为健康的修养都可以，只要你在每一件事之后，或多或少都有受益，那时光就并没有被浪费掉。

你人生经历的每一件事，遭遇的每一种际遇，度过的每一寸时光，遇见的每一个人，都是累积自我修养与成长的一种经验，都给你的人生添上一抹重彩，你不知道什么时候就储存够了爆发的能量，像海岩那样脱颖而出。

人生路上没有所谓的浪费，每一条路，都要面对不同的问题，没有那么一帆风顺，也没有那么千难万阻，只要用心去经历，去体会，去享受，去成长，任何时光都不会被浪费。

我一直相信一句话，皇天不负有心人。你所有的付出和受过的苦，终将会回报你，重要的是，你得是有心的人啊。

请珍惜那个愿意听你好好说话的人

当我们感到一种完全的，彻底的孤独的时候，是我们发现“翻遍了手机通讯录，似乎找不到一个可以说话的人的时候。”

就是当你感到没人理解，没人愿意听你说话的时候。

电影《后会无期》里边，有位听众拨通了电台的电话。

“我在这个城市生活了六年了，可是一直没什么朋友，我养了四只猫，可是大家都说应该养狗，男的嘛，我觉得狗啊是一种需要陪伴的动物，我是很喜欢狗的，但是我没有勇气养，可是在夜晚来临的时候，我就看着窗外的车流，我觉得这个世上这么多人，可是没有人想听我说话。”

“不好意思，这位听众，我们今天的直播时间已经到了。”

“可是我……”

嘟嘟嘟……

我想，这位听众一定是极其失落地握着听筒无比难过的吧。

后来，我遇到过很多生活无比丰富多彩的朋友，他们夜夜笙歌，不醉不归。他们似乎拥有很多朋友，一个电话，呼朋唤友，一片热闹喧嚣，所以，他们似乎从未感到寂寞。直到一次“交际女王”C向我吐露心声。

那天，我和她去了一间安静的咖啡厅，我们喝着咖啡，她突然问我，你愿意听我说说我的故事么？

我说当然。

她开始缓缓地说着，为了逃离那个对她寄予她无力承担的“厚望”的家庭，她独自前往这座颓靡而繁华的城市，因为太过依赖，一场恋情无疾而终，那个她深爱的男人终而离她而去，却又对她若即若离，来自外界的压力越来越大，她开始沉迷于酒吧之中，在各种各样的男人之间流连忘返，却又深感自责，期待一份美好的感情却又觉得自己没有资格，想要改变，却不知道如何开始。她安静地说着她的种种犹豫不决，种种郁郁寡欢……

我只是在听，认真地听，偶尔点头，偶尔重复她的一些话语和话语里透露出的感情。

不去澄清，不去评判，不去提出任何意见和建议，不去反对，不去赞同，只是认真而安静地听着，我似乎可以感受得到她身上的种种纠缠不清的情愫，能够感受得到她的难过和悲伤，能够感受得到她在不断寻找与追求的希冀与期望。

那一刻，我开始真正地理解她，理解在我的身边有这样一位朋友，她不再是那个我心目中口齿伶俐的交际花，不再是在夜场中左右逢源让所有人乐得哈哈大笑的玲珑女子，不再是公司里雷厉风行的都市白领，她就是她，一个真实的、纠结的、混乱的、温柔的女子。

我甚至不想用文字去形容她，也不想去为她贴上标签，但是我很清楚，那一刻，在我愿意倾听她的那一刻，那是我所见过的，最真实的她，如果一定要去形容她的话，我只能说：那就是她。

是的，那就是她，我认识她。

后来，她说完了所有故事之后，告诉我，谢谢，谢谢我在听，谢谢我完全不带评判地在听，谢谢我没有劝慰她“这没什么大不了的”，谢谢我没有说“一切都会过去”，谢谢我给她在这个孤独而冷漠的城市里难能可贵的包容与温暖。

其实，我真的只是在听，因为我几乎一句话也没有说。

电影《阿凡达》里的片尾曲《I see you》里有句歌词：“I see me through your eyes.”

通过倾听，我感到了我们彼此之间逐渐靠近，陌生的距离逐渐消失，我在她的话语里，看到了那个同样挣扎、纠结、害怕、孤独和寂寞的自己。

记得我曾被倾听过，那种得到理解，摆脱孤独的感觉让我一直记忆犹新，对于那位认真去听我的朋友我一直心存感激。

这首歌里还有一句歌词是“My senses touch your word I never pictured.”

很多时候，我们误解只要通过语言就可以让人彼此了解，突破疏离，可是，很多时候并不是那样的，没有倾听的语言和表达，只会让我们越来越陌生，彼此之间的距离越来越远，而只有用心去感受，去听，去看，我们才能彼此真正地了解。

前段时间，我和朋友喝茶，他的妻子打来电话，讨论女儿是否参加早教，然后她开始抱怨他不够照顾家庭不去体谅她不去处理婆媳关系让她受委屈……他感到非常无奈，然后女方不停抱怨，男方在说“好吧，全部都听你的！”可是这种让步丝毫没有换来平和的沟通，反而加剧了女方的抱怨：“你什么也不管！你太不负责任！”男方说着：“你是不是有病啊，都说你觉得怎样就怎样了你还想怎样……”

后来他们怒气冲冲地挂了电话，我只是问他，为什么不试试好好听她说话？

我想，作为彼此最为亲密的人，我们为何不去好好地听听对方说话？

然后我很认真地和他谈了倾听对于亲密关系的重要性。

后来，他认真地听完了妻子的所有抱怨，没有评判，不去解释，只是安静地听，听完之后说了一句“你辛苦了”，妻子的心已经融化了，红着眼睛望着他，“你也是，老公，我爱你。”

是啊，这种真正的理解而真诚的倾听是多么的珍贵而又充满力量啊。

他给我打来电话，告诉我这些的时候，我的心里同样感到由衷的喜悦。

卡尔·罗杰斯在《论人的成长》一书之中写道：细心倾听的能力，有人倾听所带来的深度喜悦，做更真实的自己的能力，更自由地给予和接受爱，这些，在我的经历中，是促成人际关系扩大和增强的重大因素。

确实如此，罗杰斯还说：真正的倾听，可以让我与被倾听者紧密联系在一起，从而丰富自己的生活体验。那么这种体验，除了倾听，阅读同样可以获得。

我想说的是，随着网络愈发发达，各种社交平台的风靡让我们彼此之间的沟通越来越廉价，越来越便捷，但是说的人多，听的人少，所以我们依然感到如此孤独与寂寞，如果想要摆脱这点，真诚地，认真地，去听，去看，去感受，去理解真的非常重要，如果你能遇到一个懂得而且愿意认真倾听你的人，真的非常幸运。

愿你如此幸运！

珍惜你的
每一个当下

每到年末的时候，会听到不少的人在说："又虚度了一年。"说这样的话的人其实是没有明了生命最本质的意义，只在意该赚的钱没有赚到，该谈的恋爱没有谈成，或者该去的旅游计划没有实现……

生命是一种度过，从哪里来，到哪儿去，都是未知领域，可以感受得到的只是在穿越中的过程。

如果生命是一种度过，那么就不存在虚度这一词，除非你是脑死亡状态，没有感觉，没有体验，也未曾有什么获得。

那么，度过是否可以分出什么样的度过才是真正有价值地度过，这是一个很难界定的问题。

我们总是看着别人在活着，活得有滋有味，有更多的钱，更美的伴侣，更骄傲的职业，却忘了我们不是别人，我们是我们自己，我们在过自己的生活，过得也是有滋有味的。不过，有滋有味不等于这个滋味是甜，也许是苦、丧失、失望、落寞、孤苦、忙碌、空虚……这些也是生命本应品尝的滋味。

在整个生命过程中，体验越丰富的人生命也更加饱满。

假设有这样一个人，到过世界的任何地方，甚至有乘坐宇宙飞船上天的经历，品尝过全世界所有的食物（美味的与难以下咽的），接触过所有不同文化下生活的人群，谈过无数次恋爱，从事过许多的职业（包括战争中的士兵与流离失所的难民），有过许多的身份（贫民、富翁、高官、显贵、精英），有过很多次婚姻，当过父亲或母亲，经历过诸多身体的病痛，死去活来，那么他一定是他处的那个时代生命最有价值，最饱满，也活得最有滋有味的人。

但是，我们做不到全部，所以生命的度过是一个选择的过程。

谈到选择就需要很清楚自己的能力和所处的社会位置，总是做自己能做的事，不做自己不能做的事对生命就是很珍惜的了。

有些你不能做的事不是放弃，而是等着能做的时候再去做，那么你活得就很有效率。

可惜的是我们经常给自己一个根本就不可能的期望，以为靠自己努力就一定能办到，结果是希望有多大，失望就有多大。但这也不算虚度，毕竟每天你都在感觉，每天你都在喘气，你生命中每一个细胞都在旺盛地代谢着，自我更新着。

我们需要改变一下对待生命的态度，珍惜每一个当下，但不要轻易去评价曾经度过的时光，因为此一时，彼一时，今天去评价昨天从来都不是客观的。

相信所有的过去你都做了正确的选择，相信所有的今天你都在珍惜，还要相信所有的明天你都会竭尽全力去努力，那么你的生命就会一直是充实而愉悦的。

朋友面前，就收起你所谓的指导

今天刷微博看到一句话，说“我和朋友之间保持了这么多年的友谊，有一点很重要，就是懒得互相指导生活。”

我觉得真是一句真理。

在这个陌生人见面两句不合就总想说服对方的年代，朋友之间不相互指导生活真的太难了，因为很多人都忍不住想把自己的价值观凌驾于别人之上。

拼了毕生的语言功力，只想证明一句话，老子说的是对的。

我就经常在很多群里看到这样的争论，大家只不过是在聊天，只不过是网上的表情之交，但是说稍微有所不同，总有人会觉得，你什么都不懂，你真是还可以再“low”到老家去。

然后他就会跳出来，想要三言两语来拯救你于三观不正的水火里，还跑来告诉你，“你不应该这样想，你迟早会怎样，你就是错的。”

然后几个人开始争论，争论不行就人身攻击，可能有一方退群，或者严重的，要不约个架。

遇到这样的人，我都不知道该说什么好，总是躲在一边看热闹，我还觉得他们好好笑哦。

你说要去站队？站什么队？有什么好站队的？别人说了什么话，干了什么事，与我没有半毛钱关系。

难道我要站出来说一句，别吵了！因为在座的各位包括我，都是垃圾？

我不是找着拉黑吗。

我觉得好朋友也是这样，不要总是去靠指导对方的生活来博存在感。

我也目睹过两个原本是好朋友的人争吵绝交。

一个女孩子说，你说你是不是有病啊，我买个衣服你说丑，我买双鞋子你说俗，我交个男朋友你让我分手，我考个研你还天天说我学校不好。

另一个说，我就是觉得你衣服丑鞋子俗，我就不想看你那么丑啊！你男朋友就是一个傻子，我觉得他配不上你！说你学校不好是因为觉得你考不上，不想让你伤心！

也不是什么说话方式的问题，就是只想把自己的审美啊价值观啊爱情观啊，让好朋友也同步更新。

有的人说，看她有一些不好，我还不能告诉她了？难道好朋友不就是相互支持相互鼓励才能共同进步吗？

是啊，朋友之间是需要鼓励支持和建议，都是没有对比的情况下去做的，而不是以自己为参照物，觉得自己是对的，朋友是错的。

在《绯闻女孩》里Queens和Queenb的每一次激烈争吵几乎都是因为对方跑来说些忠告，评判对方你这样是不是有点愚蠢。

她们每一次都能和好，除了她们能放下架子去道歉，还有因为这是电视剧。

其实想一想啊，我们为什么会讨厌那些张嘴就胡扯的亲戚呢？不就是他们总是以自己的生活来对比我们吗？

如果我们也总是指导好朋友该干这个，该干那个，该什么时候结婚，该找什么样的伴侣，该什么时候生孩子，该生男该剩女，该在哪买房，该买几套房，好朋友是不是得疯？我们和多嘴亲戚根本就没有区别了。

下次热门话题就不是过年回家如何对付亲戚啦，就变成如何应对指导型人格的好朋友！比如如何和指导型好朋友断交？如何碾压指导型好朋友？

有人说，不会的啦，朋友之间都是讲真话的，朋友之间就要有啥说啥。

我不知道你们怎么想的，反正我觉得朋友之间是需要经营的，也是需要注意的。

我和甜妞从高中开始到现在，算一算也是七八年了，之所以现在还没断交还能住在一起，就是不去不断地干预和指导对方该怎么做。

我们现在合租住一起，从小事开始，她觉得我东西放的不对她就自己放，我觉得她炒菜的姿势不对就忍着。

每个人都有每个人的习惯，无须指导。

如果我每天都去问甜妞你现在赚多少了，你赚的钱应该这样花，你男朋友是个什么鬼啊，你应该分手。

如果她每天都说我不能看《太阳的后裔》，说我不能喜欢那个明星，因为她觉得他是傻子。

我想，如果是这样相处，她可能每天要忍不住打我80遍，我要忍不住摔碗90回。

朋友之间才是真的不需要那么多指导，什么也别说了，我不需要我最亲密的人，也总想凌驾我之上。

所以我们俩一定要忍住啊，因为我还希望我俩能相互扶持到80岁，她替我收拾衣柜，我替她炒菜。

可是我们永远不会去过于热情地告诉对方，你应该像我这样做。

乐此不疲的
就是你所喜欢的

[做自己喜欢做的事既能自由又能轻松获得财富]

我们主张人应该跟随自己的内心，去做自己真正喜欢做的事情。而不是为了生存，做着一份工作，明明不开心，却又无可奈何。当我这么说，并不是要清高到不顾社会与家人的责任狂热于自己所爱。

我们始终觉得，其实做一件真正喜欢做的事情，不仅可以让自己快乐、自由，让自己有所价值感，更能轻松获得财富，解决好生存和责任问题。因为你真正想做的一件事情，你必然能做好。

于是很多人会问我这个问题：我不知道自己想要的是什么。我的答案就是：做真实的自己，做自己想做的事，实现自己的兴趣，创造价值。不为功名利禄，只为求得心安。

我也曾经很没安全感过，做了一份稳定的工作，为了那份看起来很好的薪水。但是我不快乐，也不甘心。如果让我追随主流的这份工作，我会为一生而感到缺憾。于是我辞职了。我辞职的时候无比困惑、迷茫和焦虑，未来在哪，全然无知，想做什么和能做什么都不知道。

但是事实并没有我想得那么痛苦和焦虑。我只是在家看看书，上上网，见见朋友。然后不可思议的事发生了：很久前一起上课的同学邀请我去他的城市讲课，研究生时的导师突然找我给他做一份市场营销书，读书时候认识的一个朋友突然跟我说驻扎北京了想做些公益问我有没有兴趣，陆续有人通过各种渠道找到我问心理咨询怎么收费，好朋友突然说有个政府单位需要每周2天的心理咨询，好机会不想流外人田……

我依然没有确定未来会怎么样，但是我坚信着按当下的状态走下去，我会走出自己的路，只是因为心安。当我出去讲课的时候，很多人在表达一种羡慕之情，对我的生活状态充满了向往：自由、做我所爱、不焦虑且陶醉。

[安全感限制了你去做想做的事情]

其实人生来就知道自己想要的是什么，只是人渐渐被教育灌输了那是“不正当”的事情，是不能当成主业的。例如有的人对美食或饼干充满了兴趣，有的人对音乐或艺术充满了兴趣，有的人只是对收藏充满了兴趣。

但是多年的教育告诉他们，这些当成业余爱好娱乐一下就好了，不要当成工作去做。因为他们的理念就是，当成主业去做的时候，就会有生存压力，这份压力会把你的激情给扼杀掉。

这是人类对于安全感的匮乏，总想占据了大量的金钱、地位、稳定才有安全感，总有了一份名正言顺大家眼里的正统的工作才有归属感。这时候即使做想做的事也有压力，依然把工作定义为了赚钱和谋生，而不是创造，依然觉得有所产出才有安全感。

可是真正的兴趣是你会想着怎么把它做好，而不是怎么赚到钱。虽然说你做好了就能赚到钱，但是赚钱只是一种结果，它不该成为目的。所以一份热爱的事业，必然是先满足自我价值感的，而不是满足安全感的。这也是人们即使知道自己想要什么，也不敢贸然去开始做的原因：安全感。

[停下来你现在做的才会知道你真正想做的]

我有一个大胆的经过实践的方法：辞职，或者停下来，什么都不做。你内心就会自动冒出来它想要什么。而不必你去寻找。内心所真正想做的事情和钱是一样的，当你不去找的时候，它就会来找你。

这个过程就是：不要再担心自己的生理需要问题，你即使一年什么都不做也不会饿死。然后放下对于安全感和归属感的焦虑，即使你什么都不做，不代表你就不能生存了。尊重与爱也是如此，什么都不做，不代表你就会被人看不起。

停下来，什么都不做，你就有时间了。当你从焦虑中解放了自己，给了自己足够的时间、精力，不再被工作与生活拖着走，你真正做回自己的主人，你不需要刻意做什么，当你有精力的时候，你自动就会找事做。然后放弃，然后再找事做。当你发现有件事你愿意为它付出很多精力并乐此不疲的时候，那么这个事就是你想做的了。

坚强而深情地对待人生

这个世界也许充满了不如意，

但开心与不开心，

希望与绝望的那个阀门永远掌握在自己手里。

你满怀深情地拥抱它，

它才能给你一个充满微笑的回答。

想要解读生活，你需要这些

[1]

我一直在想，怎么来说X的故事。2014年元旦前的某个下午，她仿佛如释重负地和我讲起了一个故事，听后我不知道该说些什么，往往安慰一个人的最好办法，那就是讲一个你比他更悲惨的故事。

X是个90后的姑娘。还在念大学。

她出生在一个偏僻的山村，偏僻得到了现今这个思想开放的时代，那里的人们仍然存在着强烈的重男轻女思想。这让作为家里第二个女儿的她受尽了折磨，好像她就像太宰治那句话说的“生而为人，对不起”，生为女孩，就好像亏欠了爷爷、奶奶、外公、外婆那一辈人。因为长辈的重男轻女思想，妈妈作为外姓人没能为这家庭带来一个男丁，好像也有着很大的罪过，那种罪过转化成了对女儿厌恶的情绪。

有人说她经历了多少苦难，可不曾想，其实和她有着相似年纪的女孩，从生下来就在经历苦难。

父母外出打工，她被寄养在爷爷奶奶家，等待着她的便是奶奶无尽的折磨，动不动就打得女孩哭得撕心裂肺，甚至还捆起来抽打。老辈人顽固的思想，折换在她身上的便是皮肉之苦。

爷爷去世之后，她又被送到了外公外婆家。走到哪里，她都像是拖油瓶似的，尝尽了各种人情冷暖，更何况这所有的冷暖都来自自己的血脉亲人。痛苦加身，女孩便有了逃离的情绪，逃离这个像魔窟一样的家庭。

生活的美好或不美好对她来说都太苍白，有的只是绝望。

小学的时候，她的亲姐姐心情不好，便开始打她，打得不称意，果断拿起了文具盒里的铅笔扎进了她的脚里，铅笔芯断在了里面，鲜血直流。由于笔芯在里面断掉，没有清理干净，翻起来的皮肉久久不能愈合。

她笑着说：很可笑的是，在我后面，我们家里仍然没有一个男孩。

[2]

中学开始，能住校X都选择住校。哪怕是暂时的逃离，对她来说都是幸福的，亲人于她都已经失去了幸福感，她对于故乡也没有丝毫眷念。

高中三年，虽说住校，却总还是要有个归处。放假之后你得有地方去。前面的一年半，她在姨妈家，被姨妈嫌弃多余。为了继续生活下去，她没把那些话告诉远在他乡的父母，所有的苦水都独自吞下。

后面的一年半，她又住进了姑姑家，姑姑从来不和她说话。只有姑父，让她感受到了父亲般的温暖。无论是学习还是生活，姑父都非常照顾她。某次姑父醉酒，当着姑姑面说一直把她当女儿看待，姑姑当即就发起火来，骂他在说什么混账话！她在一旁听着，知道那所有的话既是说给姑父听的，也是说给她听的。

那段时间她特别消沉，却也一直在刻苦读书，仿佛拼命学习就能发泄掉所有情绪。后来有一次，所有积压的情绪终于爆发，她离家出走，没有去上学了。姑父到处找她，好像他才是她的爸爸，是这个世界上唯一真正关心她的人。找到她之后，姑父打了她一巴掌。年少的她被姑父带着回家，一路上她只是哭。

高考如期举行，她也照旧去考试。可在她心里，早已经觉得，高中念完要去打工。但她不知道，既然已经决定好了要去打工，为什么还要去参加那场可有可无的考试。其实在她的心底，多多少少还是喜欢校园里学习的氛围。但现实告诉她，她得打工挣钱，养活自己，再也不要看任何人的脸色。

高考完之后她便消失了。姑父依然到处找她，却找不到。非常生气的姑父终于找到了她的准考证，帮她填报了大学志愿。他一手把她送进了大学。他说，你以为你这样就能改变现在的状况吗？你能逃到哪里去呢？你打工不过是走了你父母的老路，贫穷、低头做人，只有读书才能改变你的命运。

[3]

年少的X那时候并没有真切地理解姑父说的那些话。

也庆幸她遇到了生命中的天使，姑父在她沉沦和迷途时，给她指引了方向。我们人生中会遇到很多的人，谁也不知道哪个人会是你的天使，当你心里面若有似无的想法，那个能够在你背后把你向前推一把的人，就是你的天使。天使不能把你带向天堂，路始终还在你的身后。

X念了经济学专业，却有着对文学的爱好。进入大学之后，她把大多数的业余时间都用在了打工挣钱和写话剧上。大学同学和校园生活改变了她很多。回想起来，她对姑父有着无限的感激。

X说，直接的暴力或者冷暴力，都对我的人生产生了太大的影响，所以我一直都对周围的人很敏感。我相信生活会变得更好，但我却很难相信爱。

我告诉她一个故事，说我有要好的朋友，也是个姑娘，她的QQ签名长期都是：这个世界并不是只有你一个人在受苦。她爸爸脑子有些迟钝，妈妈早年便已经离开，她一个姑娘要读书，要照顾爸爸的生活，还要时时提防着爸爸出去之后找不到回家的路，或者买些奇奇怪怪的东西回来。生活的重担压在她身上也不轻松，可她依然笑着在面对。

X笑着说，或许那些苦难的经历会是人很好的成长背景吧。

她说，其实她心里已经少了很多对过去的恨意。她说起巴顿将军说过的一句话：衡量一个人成功的标志，不是看他登到顶峰的高度，而是看他跌到低谷的反弹力。她说从来没体验过跌倒的感觉，从一开始便处在低谷，就像是站在一张弹簧床上，有一种力量无限制地把你往下压，压到最后那根弹簧只要没断掉，你会发现所有的苦难不过是你往更高地方飞跃的巨大能量。

说完，她拿出手机，给我看了给她姑父写的信。她说元旦要到了，自己和朋友在一起迎接了两三个新年了，一直以为是新的起点，其实发现所有的起点都是那些苦难的过去。

“今年下学期，我没有刻意地去兼职，我不愿日子总是穿梭在人流和公交车上飞驰而过，我更愿意从容不迫地，慢一点，更慢一点去生活。可能走出去体会和领悟会更多一些，可我更想沉淀下来，去整理整理这二十一年的感情和思绪，去规划未来的走向。”她信里有很多的情绪，也有很多对生活的原谅，她说：“一直刻意地回避过去的一切，不肯面对，不愿提起，前几日在校园同好友一起散步念诗，才惊觉我竟在亲友的照料下突然长大了。”本想吐槽她很文艺，却不愿打破她的情绪。

她说，有没有《傅雷家书》的感觉。

我想，她愿意慢下来生活，慢下来规划未来就是最好的。换作平日，她这样一个90后姑娘，走在校园里，你不会觉察到她和其他人有何不同，可她的心底却比同龄人经历得更多。原谅过去，生活才能继续上路。

[4]

少年时，我也曾经历过贫穷或者苦难，虽与她的经历不同，却能够感同身受。她和我一样，大概每个经历过贫穷苦难或者自卑敏感与情绪万千的人，都幻想过文学能够给自己一个更美好的世界，哪怕只是处在自我观念世界里，但那个观念能够引领着你大步前进。X说，她虽然学的是经济方面的，却想以后做和话剧有关的工作，她现在在写话剧，希望有一天能带着自己的剧本和演员团队，向更多的人讲述她内心深处的故事。

苦难曾经让她对这个世界充满恐惧，甚至如今都没有亲情之爱和对故乡的眷恋之情；苦难曾让她选择逃避，觉得打工挣钱，有了金钱就能让自己生活和人格独立；苦难曾让她以为逃离到一个没有人认识她的地方才能好好地重新上路，可她终于还是明白，出口就在自己的心里。不管生活对你如何刁难，你只要顽强地去回应，原谅那些苦痛，把它们当作成长的养料，你才能真正地恣意生长。

这个世界也许充满了不如意，但开心与不开心，希望与绝望的那个阀门永远掌握在自己手里。你满怀深情地拥抱它，它才能给你一个充满微笑的回答。

正如延参法师说的：生活是个奇怪的东西，每个人都在经历，但却很难读得懂，生活从来没有一个固定的模式，所以需要我们在各种矛盾中协调，甚至能够越过障碍，看到更远、更宽的未来，创造好自己柔和的生存氛围，用温和、豁达去了解人生、解读生活，需要几分谦卑，需要几分原谅。

对别人的成功多一些尊重

我们读教育的人，希望看到一代年轻人，他们走出去的时候，是抬着头的，是心里有梦的，在某种程度上，这些梦哪怕是一个角落，也曾实现过的。

而这个前提，是我们需要学会不去嘲笑那些有梦想的人。如果他们的想法看起来荒诞，这个社会给他们纠正的建议和理由，如果他们的想法看起来可行却遥远，这个社会给他们鼓励和认可，如果他们的想法看起来既而可行，这个社会给他们资源和渠道。

我从没有见过任何一个伟大的人，每天都会给有梦想的同行者一盆冷水。

有些人害怕积极进取的青年，因为他们害怕生活里还存在另一种可能性，把一切都怪罪给社会的人，害怕靠自己努力的人。他们害怕这些努力的人，因为这些人的故事，打在他们脸上，告诉他们：哦，如果我当初努力了，也许也能成功。

这是很多人完全不能接受的观点，这是一个可怕的现实：原来我的不成功也有我自己的责任。

在这种情况下，更可靠的办法就是崇拜权威，在自己的价值无法和他人价值相比的情况下，通过极少数的成功来缩小身边的人的成功，从而保护自己的自尊和自我价值，通常的策略是：

“你这叫成功了？有马云那么成功吗？”

而他们不会在意马云的成功。他们劝自己说，那是极小概率的，不足以威胁到我的身份和自尊。

人们对自己心理健康的保护是非常本能的一种反应，然而这种反应被激化、畸形发展之后，却越来越危害到一个社会长久的核心竞争力。

很多人来剑桥，看到了这里的美景和传说，他们没看到，这是一个尊重观点的城市。这个城市最美的地方，就是一个本科生，可以在一个非常普通的下午，敲开教授的门："教授，你有空吗？我觉得爱因斯坦可能是错的"。教授会和他耐心坐下来，一一听过他想说什么，然后肩并肩走向图书馆，彼此交换这个看法。

一百年前在剑桥，这位本科生叫作维特根斯坦，他带着这样的想法，敲开了罗素的门。那是一个按照现在的话来讲"屌丝"而又"奇葩"的青年：满脑子都是自己多么伟大的怪念头，而且愿意把这些危险的怪念头付诸实践。

回头看，我们庆幸人类有这样一个小镇，这样一个学校，收留了他，也改变了人类一个世纪自我内心探索的思考路线。

我听见历史对我说，所有严肃的思考者，都是值得尊重的。所以我耐心听着，在历史里面，如果理解了，我就鼓励，如果认为不可行，我建议或者分析和劝导。如果我什么都说不出来，我会哑口无言。

我想我死之后，我的墓志铭上会写：

"这里躺着一个非常平凡的人，但他的一生中，从没有将一面冷墙、一面冷水，送给一个认真思考的人。

他虽然平庸，但他有幸聆听了很多人类心灵中最美、最伟大的观点，并且让这些人得到了信心。

他庸庸碌碌的一生中，唯一的亮点就是在每个漆黑的夜晚，开门给每一个过路的、持着火炬的人，送上了几片面包和一壶热水。

他非常愚昧，但他没有让这些他不理解的观点，还没出发就死在他的冷漠和嘲笑中。”

让你的人生有趣一些

[1]

人总是要有趣一点才好。

人生的起伏总是难测的，做一个有趣的人，哪怕被贬到最低，也能学学苏东坡，陪田院乞儿幸福地开开玩笑；爱情的长短总是难以捉摸的，做一个有趣的人，感情最后维持不下去，至少能经营得浪漫点，让幸福记忆永久留存在彼此的心间。

一个有趣的人，寻常的日子能乐呵呵；不如意了，不至于过度消沉悲观，还能有阳光的心态。这样的人离幸福总归要比无趣的人近一点。

[2]

清朝的袁枚就是个有趣的人。

他平素不喜欢正经学问，书法、诗词学得马马虎虎。三十多岁居然还裸辞罢官了，整天在家琢磨怎么吃，提出诸如“别人爱用甲鱼配海参，我一尝，认为甲鱼还是单独做滋味最好”之类的吃货理论。他一辈子吃吃喝喝，写写菜谱和鬼故事，偶尔跟文人打打笔仗，有滋有味，活到了82岁。

有趣的人不一定事事顺遂，可是总能在平淡的日子里捣腾出些乐子，发现生活中不知道的美。

这种找乐子的技能，让你加班深夜回家吃泡面，也晓得配上红色番茄、绿色香葱，再剪个热气腾腾的荷包蛋，哄自己高兴；让你突然出门遇到下雨，也不会郁结在心，反而能雨中漫步，怡然自足。

记忆里印象非常深刻的是有一个朋友，半夜失眠，看屋外下起初春第一场雪，于是索性拉上我们一帮狐朋狗友去湖边赏雪。

生活中没有这个找乐子的劲头，地球自然照转。只是如果变得有趣些，人生的幸福会平添很多。

[3]

一副斯文柔弱模样的南方姑娘拿起笔刀、剪子做剪纸，竟然能做出一件件娟秀精致的纸雕作品。谁知道当初她只是烦上班了，觉得做个有趣的手艺人很棒，而任性地开始做纸雕艺术品呢？

三十多岁外号“神婆”的帅气女人，一身朋克风衣，骑着复古摩托车，成了闪亮街头的一道风景线。谁知道，她只是觉得玩机车够刺激，用业余时间就自己倒腾成了不一样的女性？

小野杰西那位八十五岁红遍朋友圈的帅气爷爷，衣着新潮，在酒吧跟外模美女喝酒，气定神闲，让人一看还以为是多年的专业模特。谁又知道他是在福建乡下的寻常老农呢？

二更记录的人物都是把细碎平凡活出高端范儿，把宁静的日子，活成段子的人。这样的人有趣了生活，让自己幸福又令人羡慕。

［4］

年纪越长越能体会，人生幸福与否，跟财富、外貌、学识都没有太大的关系。

这个世界上总有一些人一生安常处顺，貌美如花，却郁郁寡欢，终日愁云惨雾；而一些人，哪怕历经沧桑，眼神中却还是闪烁灿烂星光，日子过得别有滋味。

喜欢台湾女星陈意涵在微博里卖萌和搞笑，34岁了仍然活得像个元气少女。那种时时刻刻流露出的不被生活抹灭的初心与赤诚，如同热烈阳光般的有趣与可爱，在网上让很多人对她路人转粉。

现实生活找些乐子，活得有趣些，并不困难。如果你觉得自己并不有趣了，可以跟着二更君，一起去探寻有趣的活法与玩法，给自己的人生提供一种新的可能；如果你本来足够有趣，跟着二更君能见识更多身边有趣的人和有趣的事物。找一些方法取悦自己，没有人会笑话你。

世界这么美，早点去看看吧

[1]

十年前，我大学毕业，以为决定人生命运的是机遇。后来发现，决定一个人命运的，不是机遇，而是见过天地之后的眼界。

那时候我有一个同事小英，长得清秀，工作踏实，但是并不起眼，一年后进了香港的一家上市公司，并且嫁给了一个优秀的香港老公，很多人都猜想，她一定是手段过人，或者是运气太好。

后来我才知道，他们相识在一次欧洲旅行中，当时所有人都在往卢浮宫里面挤，唯独他俩都想站在同一个角度拍摄那一天的晚霞，两个人相视一笑，相约晚餐，结果越聊越投机，发现想去的地方都一样，就这样结伴走到了一起。

很多人以为，城市里已经不会再有这样的故事了。但事实上，人生很多巧合背后，不只是偶然。

当时我也问她，这样一见钟情靠谱么，她笑了笑，说了一个故事，在后来的旅途当中，他租的车子抛锚了，他们只能停在路边，等待救援。整整四五个小时，他们聊着彼此旅行中遇到过的最糗事件，都觉得这件事真不算糟糕的。

回来后不久，他就向她表达了求婚的意愿，因为他总是想起那一晚的欢声笑语，觉得未来的日子即使很苦，因为是她，也会变得不那么苦了吧。

什么是眼界，就是有的人喜欢挤在人群中抢打折货，而有的人只挑选最想买的那件。眼界，就是有的人相信这真的太倒霉了，而有的人还可以谈笑风生。

之前网上看过一个故事，说一个游泳爱好者两次横渡英吉利海峡，但是第二次失败了，原因是第二次离目的地不远的时候起雾了，他看不到目的地了，结果越游越慌，心里没底就放弃了。

如果他知道目的地就在不远处，他肯定会坚持下去，无论做什么，心里有数很重要，彼岸就是天地，见过天地才能让一个人心里有数。

眼界会决定你能看到的风景，

马东说过，我们的人生往往因为看见一条船而忽略了一条河，初入社会的时候时常听人抱怨，抱怨这个世界的假恶丑，抱怨这个社会没有诗和远方，因为我们没见过北极光，也不知道基拉韦厄火山的壮观，不知道只是因为看不到，不代表不存在。不是没有风景，只是高度不够。

人是需要活在比较级的，如果不是发现肉煮熟了才好吃，到现在我们都还是野蛮人。

因为小英了解过卢浮宫，所以不着急排队，遇到过比汽车抛锚更糟糕的事，所以并不慌张，因为有共同的眼界，他们在同一片晚霞下相遇。

因为有共同的眼界，让他们在一件糟糕的事件中认定了彼此。

[2]

王家卫说，人的一生是见天地，见众生，见自己的过程。

见过天地有了眼界，但是有眼界还不够，只有明白众生的苦，才能懂得自己的甜。

就像很多人没有预料到小英嫁到了香港依然婚姻幸福，很快有了自己的朋友圈。他们更不会了解到，有些人的确是被上天偏爱的人，因为她们的“眼高手低”——眼界高，手却放得很低。

有一次，小英陪同先生去旅行，同行的还有先生的客户以及他们的太太。在某个奢侈品店里，太太团里有一位林太太想买一个限量款的包包，先生却认为款式差不多，价格却贵那么多。她站在旁边笑着说：把两个孩子养大，太辛苦了，你确实值得最好的。那位先生听到这句话，二话不说，刷卡买单。

另外一个太太在柜台前为几百元的差价争吵，大家觉得丢脸劝阻，只有小英帮着还价，后来我问她为什么不说算了，毕竟影响心情，她笑了笑，我知道心情最重要，但是我也知道那个“斤斤计较”是全职家庭主妇，整天和柴米油盐计较，在她眼里几百元不是小事，我能理解她。

这趟旅程，只有她，用买两个包包的钱，买了一个相机和镜头。那些太太们都惊呆了，偷偷跟她说：“你是不是傻啊，买相机有什么用，当然应该买包包和化妆品啊。”她也不解释。

我夸她：“你的情商太高了。”

她却说：“去了很多地方，发现这个世界充满着你不能理解的人和事，但又充满着不可思议的善意和美好。我并没有刻意去讨好谁，只是真心觉得每个人都不容易。”

她当然也知道，过往的同事，在背后说过她什么。她当然也知道，刚去香港的时候，先生的朋友们都不看好她，说她是外来妹。这就是世界的不同地方，每天都在发生的事情啊。

30岁之前必须结婚，结了婚必须有个孩子……这些已经被社会量化成了标准，父母们不能接受子女的选择，不能理解她们为什么不想结婚、不想生孩子，那也是因为，他们没有去看过世界，并不知道，这世上已经有很多这样的女性，在为自己而活，而且活得并不糟糕。

每个人都习惯用自己的视角去评价一切，凡事都要分个对错，争论个对错。可对了又怎样，错了又怎样？

喜欢买相机，并不比买包包更好，不过是各自所站的角度不同。

人要摊开手心，不要忙着指责，这样才能接得住上天的偏爱。

人生就像一段旅途，只留下同路人。有些人，只能陪你走一段路，不要怪他们，因为彼此选择了去不同的地方，被不同的目标吸引。最终留下的，只有那些眼界一样，能够一同上路的人。

[3]

留下的会越来越少，剩下的也越来越重要，你见过天地，见过众生，开始去见自己。越来越明白什么是自己想要的，包括生活和另一半，归根结底，是让一个人明白：

不要奢望别人来理解你，你唯一需要理解的事情是——你到底想过什么样的生活。

当你想清楚，做完决定，你的人生从此不同。

比如小英，比如无数个小英这样的姑娘，她们比大多数人过得更好，是因为她们眼界更宽更广之后，发现很多事都是可以被放下，被舍弃的。

一份类似鸡肋的工作，一些令人生气的话，莫名的闲言碎语，莫名的不理解和指责，都不是什么大不了的事情，都不能阻挡她们走向更好的生活、更好的自己。

她们有的去做了义工，有的搭车去了欧洲，有的在非洲拍摄动物的照片，她们有不一样的大脑和走过不同路的双脚。以至于她们的先生常常收到朋友们的羡慕：你怎么能找到这样有气质又有趣的妻子。

[4]

其实，她们并没有多么的与众不同，她们只是比其他人走过更多的路、遇见过更多的风景，见了天地、路过众生，最终决定，要成为怎样的自己。

知乎上有个问题一直让我印象深刻，什么算是见过大世面？

会讲究，能将就，能享受最好的，也能承受最坏的，见过世面的她们自然会在人群中散发不一样的气质，温和却有力量，谦卑却有内涵。

住得了超五星酒店，也睡得了雪地里的帐篷。能穿着高跟鞋优雅地穿行于都市，也能背着几公斤的相机漫步世界。走过多少路，遇见多少人，最终你会看到自己，你慢慢解放包容你自己，你发现你的气质来自于发自内心对自己的热爱。

你见过最好的，享受过最好的，再回头时，看到过去的你在路的一头大喊：我要变成更好的人。去纠结、去后悔、去流泪，还不如早一点上路，这世界有这么多美好的人，在等着你去相识。

我们都是值得让人羡慕的对象

[1]

我有个特别美的朋友。她的人生对于我来说，就像是小时候读的童话故事。所有虚幻的美好在她身上却是如此真实。

四年前硕士毕业，两年前结束了6年的爱情长跑步入了婚姻殿堂，一年前龙凤胎出生。感觉她的人生就像开了挂一样，所有的好事都落到了她的头上。

说起来，她宝宝满月之后就再也没有联络了。前几天凌晨，我忽然收到她的微信："阿登，睡了吧。我起来喂奶，看了你刚发的文章，特别想给你发个消息。其实我一直特别羡慕你。我感觉你活出了大家都想过得生活，特别精彩。"

她半夜醒来喂奶，可我还在工作。看到她的消息，我毫不犹豫地回了过去，"我也羡慕你。"

我们是高中同学，在学校的时候，她就因为长得漂亮，不断被男同学传情书。这样的女生，注定不被同学所喜欢，但更可气的是，她不仅漂亮，还是学校的学生会主席，学习成绩名列前茅。所以，那时候我就开始羡慕她，羡慕她的外在和智慧，羡慕她所得到的一切。

高考那年，她因为奥林匹克全国获奖被保送到了重点大学。而我们，却在为一道道不会做的函数题而在意念里头破血流。

尽管情书满天飞，可她却并没有早恋。她除了每天用功到深夜，每到周末的时候，就开始参加各种培训班。那时候的我，并没有觉得她所拥有的一切都是她努力的结果。我们只看到她收获了很多。

后来，我们约了一次下午茶，下午茶也是非常艰辛。因为长期喂奶，她不得不带着两个孩子一起出门。

看到那时候的“学霸校花”，我的心里不禁有些感慨。岁月终究没有情面地爬上她的脸，不管她是不是大家心目中的女神。曾经的灿烂，似乎真的被生活给掩盖。她不施粉黛，素面朝天，隐约还能看出她“女神”的模样。也或许是年少时在我心里的模样。

我们的约会在她宝宝的哭闹声中结束了，持续了一个小时。这个在我看来生活在童话故事里的女人，终究化成泡沫。

是的，这个开着百万豪车，这个不工作也有不限额的信用卡使用的女人，这个家庭幸福，儿女双全的女人，这个让我们都非常羡慕的女人却告诉我，她的生活并不如意。

尽管她有一个爱她的老公，可是她的老公却从不给她自由，不让她出去工作，婆婆不允许找阿姨带宝宝。所以每天她的生活，就只有孩子。她没有自己的私生活，也没有可以发挥她高才生的用武之地。

虽然她上知天文，下知地理，虽然在我连函数都学不会的年纪，她已经获得了全国奥林匹克数学竞赛的冠军，可她的生活，像一只被控制的小鸟。她并不快乐。

[2]

我原以为，那些可以不工作就能买新款包包，就能收到各种奢侈礼物的人，一定很幸福。但是这样的想法，只会出自那些努力奋斗的女人。因为自己得不到，而总觉得那些得不到的才是最好的。

我们都是平淡流年里的一株杂草。和她分开后，我的思绪挺乱的。

曾经我特别渴望这样的生活，有个爱我的丈夫，有个温暖的家，有一男一女两个孩子，还有不用工作就可以享受一切。

其实谁都不容易。

她再三强调着羡慕我。是啊，我知道有好多人在羡慕着我。我过着很多人羡慕的生活，可我们总喜欢把最美好的一面展现在别人的面前。

因为我知道，到了这个年纪，没有人会在乎你快不快乐，很多人在乎的是你有没有用，所以，谁愿意把自己不好的一面告别大家呢。

所以很多时候，我们都只看到了大家美好的一面。

可是生活，终究离不开酸甜苦辣。当我看起来很强大的时候，我注定受过别人不曾想到的痛楚。

当你觉得我活得很像自己的时候，也许我也失去了很多天伦之乐。当你觉得我内心很强大的时候，也许是因为我的心受过很大的创伤，而对生活的挫折无感。

事物永远都有两面的。你所得到的，都是你失去的东西在为此支撑着。

[3]

我从不去羡慕别人，因为我知道，所有你现在所经历的，都是你曾经自己走的路，你过去的每一步让你走到了现在的世界。我不羡慕别人，因为，每个人都会有鲜为人知的一面。

我们都是平淡流年里的一株杂草。当你在羡慕旁边的大树高大茂密的时候，大树却在羡慕你不像它那样孤独。

当你在羡慕别人的时候，你不知道，有更多人其实在羡慕你。

单身的羡慕恋爱中情侣的甜蜜，恋爱的羡慕单身小伙伴的自由；

结婚的羡慕未婚的无压力，未婚的羡慕结婚的有依靠；

有房的羡慕没房的无房贷压力，没房的羡慕有房的有自己的窝；

有工作的羡慕无业者的慢生活，无业者羡慕工作者的充实。

是的，我们一生都在羡慕别人。就像小时候羡慕别人的爸爸比自己的好，长大了羡慕别人家的孩子比自己的优秀。

可是生活，不过就是由很多味道组成，如果只有甜，没有酸苦辣，你又怎么知道“甜”是幸福的味道。可是往往，我们总是喜欢拿着自己的“苦”去对比别人的“甜”。总觉得别人的生活，只有甜。而这样狭隘的思想，会把自己带进更深的漩涡，让自己的“甜”度更加减少。

别再去羡慕别人，因为我们都是生活里的杂草，我们都经历过风吹雨打火烧，但是依然可以顽强活着的杂草。

乐观一点，
没什么过不去的坎

[1]

夜里无法入睡，记忆累积在心中也无法抹去，突然想到很多而拥抱自己，失望时忍不住哭泣。

在熟悉的角落安慰自己的寂寞，黑色的眼影红色的唇彩只为掩饰夜里的彷徨。

所有的坚强并非与生俱来，所有的锋利并非天生而就，只有小窝里的姑娘才是自己。

北上广追梦的姑娘们，大多都是离家独自奋斗，她们筑起了坚强，藏匿了软弱。心底里愿她们做自由、温暖、柔软的女孩。可以走在冬日寒冷的街头，走在空荡的街上的时候，就暗自告诉自己：这世界上有个角落，有个人正深爱着这样的自己。

她们相信，这会是一个美好的魔咒——与独自奋斗的姑娘共勉。

[2]

晚上十点半我刚准备睡觉，手机叮咚一声，收到闺蜜小艾大半夜给我发的微信。

她上来就兴致勃勃地跟我讲她昨晚做的一场噩梦，那种感觉我懂得，我想她自己一个人定是吓坏了。调侃了她几句缓解了一下她紧张的神经。聊着聊着她又说自己胃疼，我都不用问就知道定是吃饭时间不规律，这是因为平时早饭几乎不吃而造成的。

在我的盘问之下，果不其然，还真的被我猜中。

一向大大咧咧的她嘴里边嚼着面包漫不经心地说了句：哎呀，没时间吃早饭啊。

讲真的，我打心底心疼她，但我从不会表现出来给她看，我只会做那个直言不讳的行刑者。

说一些她自己不敢面对的事情，比如工作目标不明确，比如感情问题太拖沓等。

小艾是我初中就已经认识的好朋友，时至今日已有十年之久了，这期间虽不密切联系，但是有事她第一个想到都会是我，好的不好的都会跟对方分享。

小艾这个女孩，不出众，不起眼儿，是那种丢进人群只能够做甲乙丙丁的人，不过她生性乐观，总是以笑容示人。

[3]

在我的心里，小艾也算任性过一回的人，她风风火火辞了相对稳定安逸有固定收入的工作，做一个追随自己喜欢的工作的姑娘。

自己做了主张，瞒着家里，一心向往自己喜欢的东西。似乎以前我一直觉得我自己已经是一个内心很强大的女人了，直到一个周末陪小艾加班，去体验了一把她一天的生活的状态。小艾自己租房子住，一室而已，还是那种多名租客共用一个卫生间那种。

为了省房租租了一个便宜的地段，每天上下班路程就要花掉两个多小时，按现在入冬的时间来说，每天早晨五点半起床洗漱收拾，连忙去赶公交挤地铁，早上几乎从来不吃饭，八点到单位开始工作。

到了中午随便叫个外卖，几个同事坐在一起竟吃得津津有味。终于到了快下班的时间，我正要为她忙碌的一天松口气，她就得到公司做活动加班的通知。

我清楚地记得，下了班她边换工作服边对我说，我们要以火箭的速度去坐地铁追赶最后一班公交车。

下了拥挤的地铁她要我跟她一起跑着去公交站，我说我累得不行了，要不咱们打车回家吧。

她二话没说，一把拉起我的手奔跑在微黄的路灯下，那一刻她弱小的背影竟让我觉得她是如此的强大。

都说爱笑的姑娘运气总不会太差，幸运之神还是眷顾了我们，我们最终还是坐上了回家的末班车。

小艾蹦蹦跳跳地上了公交车，终于可以安静地坐下来休息会了，小艾对我说晚上加班十有八九，有一丝希望能赶上末班车就要追赶着去试试，不过不是每次都是这样幸运啦，错过末班车的时候也有，只好奢侈一下打车回家喽，她笑着说。

公交车在茫茫的夜色中缓慢地开着，经过了整整二十一站我们终于到达了目的地。

下了公交车我感觉我们像是穿越了半个地球，她在前面牵着我，我在后面一直问她还有多少米到家，她总是回头笑笑告诉我就快了，就快了。

我早就已经累得闭上眼睛放空自己跟着她走，大脑中正幻想着躺在床上的舒服感……

突然间，她松开我的手从包里掏出一打宣传单跑去给身边的路人发传单，我不耐烦地跟她说：喂喂喂，我们快回家吧，她嬉皮笑脸地对我说：唉，就一会儿，马上就发完啦。

就这样，她边介绍公司做的活动我们边朝着回家的方向走去，好像，不知不觉一会儿的工夫宣传单也被她发完了，而我们也到了小区门口。

我们两个在小区门口的面馆吃了碗热腾腾的面，这时已经算是一天中最幸福最享受的时刻了吧。

这一天中我曾无数次彻底地被她的坚强所打动着，我看着对面她吃得津津有味，内心深处也涌起了一股暖意。

［4］

从她那回来后，我感触颇多。

我想，每个人的选择不同，可能有的时候生活也会不同，但足够幸运的是，你对你的选择不后悔，你也热爱当下的生活。

现在的生活是我们选择的，以自己喜欢的方式独自成长，随着时间、经历和重新获得满满安全感后，也会变成一个从容的姑娘。

也许经历是最好的足以证明我们成长的方式，有些人经历的也许正是你当下正在经历的生活，可能她的那份坚持和坚强同样是你需要去适应的过程吧。

每个漂泊在外乡的姑娘们，都还好吗？

伤心难受的时候有人给你安慰吗？

生病卧床的时候有人照顾你吗？

难过不顺利的时候有人给你帮助吗？

一个人孤单的时候都在想家吗？

或许爸妈会给你安慰说：累了就回家吧，家永远都是你的港湾。

但是，我相信你也总是会笑着说：放心吧，我过得挺好的。

愿我认识的不认识的，独自在外奋斗的姑娘们，希望你们也一直能够乐观坚强，早日实现自己的目标，用自己喜欢的方式过上自己热爱的生活吧。

愿你的成长 带着自己的快乐

[内心越自由的人，越有安全感]

父母是你人生的“审判官”吗？

很多将近30岁的成年人，当她们面对人生的重大问题时，还是会说出这样的话：我回去问问我爸我妈，看看他们怎么说。或者说：我爸妈肯定不会同意的。

有一次，一个平时看着很聪明能干的朋友和我们说出这样的话，其他几位朋友完全惊呆了：自从大学毕业以后，我们和父母的关系基本就是——决定好，然后通知他们。

是的，对于那些到了快30岁，甚至超过30岁，还不能为自己人生做主的人来说：他们依然在心里，把父母作为自己人生的最高审判官。

虽然他们明知道，父母已经和这个时代有点格格不入，他们并不代表着最高智慧，甚至父母的思考和判断已经out了。

可是，他们过不了心里的那关，任何决定都依然不能自己做主。这是我认为，判断一个人是不是内心真的足够成熟的重要依据。

很多女性，当她们嫁人之后，如果发现自己的先生竟然是个“妈宝”，那是非常痛苦的一件事。那意味着，她在内心里开始怀疑——这个男人，到底还能不能被我依靠。为这个男人的付出，到底值不值得。

其实，他们未必是因为不够爱妻子，而是因为母亲用爱编织了一个密密的牢笼。从小他们听到妈妈最多的话就是：我为你付出了什么什么，我这一生很不幸，你如果不听我的话，就会让我更不幸。

如果不是你，我原本可以选择更好的生活，离开这个家，因为你，所以我才过成今天这样。

这是一个让孩子一生活在愧疚里的牢笼。另一种不容易被发现，但捆绑得更深的，是另一种——你人生的一切，都会直接影响父母的人生。

他们会因你哭，因为你彻夜难眠，因为你没面子。所以你做任何选择，如果让父母不高兴，你就是不孝，你就是在摧毁父母。

所以真正长大，不是你能够经济独立，不是你可以承担更大的责任，而是你有没有把自己完全视为独立的生命个体。

一点点从那个笼子里走出来，清楚知道为了父母伪装人生，假装听话，除了让自己更痛苦，是不可能改变父母人生命运的。

我知道，很多人成长的动力，都来自于让父母过得更好。可有多少人会发现，身上背着父母这一生的悲苦根本走不远。又有多少人内心痛苦的根源是：父母似乎永远都没有满意的时候。

如果成长是一场长跑比赛，为自己而活的人是轻装上阵，他们只需要选一双好的运动鞋而已。而为父母而活的人，身上至少额外背上了10斤的沙袋，或许有的人是20斤、30斤，甚至50斤。

这就是为什么做同样的事情，过着同样的日子，有的人每天似乎都精力无限，而有的人每天即便什么都不做，也疲惫无比。

因为，他人生的裁判，不是自己，而是父母啊。他的能量，每天都在和内心潜在的裁判缠斗，已经没有太多可以供自己使用。

在《欢乐颂》里面，小关去见妈妈精心选择的相亲对象，她非常机智地运用英语解决困境，她已经有意识地拒绝母亲的好意（捆绑）。可实际上，在她的内心，她的痛苦，很多时候正是来自于“太听话”了，她不敢去追求自己喜欢的人，不敢去主动争取、主动表现。

实际上，欢乐颂里五美当中的樊胜美、邱莹莹，都是被父母牢牢捆绑住的。樊胜美渴求快速飞上枝头，是因为她认为只有这样，才能迅速拯救一家人的命运，因为不管她自己多努力，都只会被压榨干净。

而邱莹莹父亲爱她的方式，就是买一大堆成功学的书，临走前告诫她一定要在大城市出人头地，所以她轻易就被一个掌握一点资源的小主管搞定。

为什么那么多人喜欢安迪、曲筱绡，除了她们的能力卓越以外，更不同的是，她们完全是自己人生的主人。

喜欢谁，不喜欢谁，选择做什么，选择去哪里，都不需要经过谁的批准和同意。这种自由畅快，是很多人羡慕的。

但很多人不知道，人生往往是互为因果的。

她们的优秀，让她们比很多人更自由，拥有人生选择权。她们内心是自由的，拥有人生的选择权，所以她们比一般人更优秀。

自由和优秀，互为因果。但只有自由才是那个能量源泉的根由。

一个成熟的成年人，会把听父母的话，理解成你应该有的姿态，而不是你应该去做的行为。

孝道是一种内心的恭敬，但绝不是一味愚孝。

太听话的孩子，是走不远的，是脆弱的，他们的风筝线，捏在父母手上，飞得再高，也总害怕自己会摔下来。

听自己话的孩子，会长出属于自己的翅膀，他们可以真正享受自己生命中的不同风景。飞累了，他们可以自己选择何时、在哪里停下来。

对父母来说，他们习惯了孩子的依赖，但其实也让自己陷入更深的恐惧中。

对父母来说，接受孩子长大了，是难过的，但随后他们一定是欣喜的。

愿每一个人在拼命努力之前，先找到自己那颗自由的灵魂。

愿每一个人的成长，都更多伴随着为自己而活的快乐。这种快乐，才是一个人安全感的真正源泉。

[所谓成长，不过是一场漫长的修行]

解读人生关键词：成长

关于自我的成长，我想，大概分为三个阶段：

第一个阶段，你会觉得很痛苦，是生活逼着你在成长。

你要交房租、电话费，你要吃饭，你还想买很多喜欢的东西，换句话说，是生存、钱、物质逼着你去改变自己。

那个时候，你会觉得这种成长的体验是很痛苦的。你会觉得自己变得世俗了，你是在像世俗和钱妥协。

因为在你过往的世界里，有很多觉得痛的部分，你可以逃避、可以不做，你不喜欢哪个老师，你可以不听他的课，大不了考得不好。可现在不行了，你不努力，你要露宿街头了。

等你慢慢开始接受那个妥协的过程，你开始入世了，而且你开始有了一些志同道合的朋友，你就会发现，你已经成长到了一个新的阶段。

第二阶段，你是有明确目标的。

你可能向往去一个很美的旅行目的地，你渴望和那些优秀的人成为朋友，你渴望被谁喜欢、爱上。这个时候，你心中改变的动力会不一样，你会开始有了一些相信，相信自己的努力是有结果的。而且你开始感受到自己的力量，那是一个特别美好的体验。

你不再像一个小孩子，等着被父母安排，等着他们给你零花钱，你甚至可以去帮他们实现一些小目标了。

第二个阶段，或许会有点长，而且这个过程中，你还是会非常反复。你时而很相信未来，时而又特别怀疑未来。前一天你或许还信心百倍，后一天可能就有一件事让你心情down到谷底。

这种感受开始有点像坐过山车，后来慢慢不那么激烈了，就像坐摩天轮。你能清楚感受到你的顶点和低点的完全不同。但至少，你知道，你还是可以站得更高一点的。

第三个阶段，才是真正的攀登自己。

你是一座山，你重新站在那个山脚。你知道，一切的成长，都与外界无关，你是你自己这一生的真正目的地。

这个时候，你已经解决了生活上的困难，开始发现更多的障碍、痛苦都只和你自己有关。

所以，你希望找到一些答案，在你过往的岁月当中，你是否愿意原谅自己？你在未来的岁月当中，你想活成怎样的自己？

所谓的成长，是一场修行，修的是心。有信仰的人相信，他们这辈子的修行成果，会影响他们下辈子的状态，所以他们很虔诚，即使现在没有马上看到结果，也会继续虔诚。

但作为没有信仰的人，最害怕的是，你努力了很久，似乎也没有看到结果。

我觉得那是因为，很多人的成长，是盯着一个太超前的目标。现在还没有到达山脚呢，就已经开始仰望山峰了。期望自己一年就能达到别人努力了十年的目标，这就会让自己很容易放弃。

真正的成长，只是和自己比的。

因为没有人和你的出发点一样，也没有任何一个人和你的目的地是一样的。

在信仰的支撑下自由飞翔

什么是信仰？信仰从字面上释义，就是自己认为可以确信的看法，或对某人、某物信任，有信心，甚至依赖的一种思想状态，即指人们对现存的或可能的事物、观念等的正确性和正义性的坚定不移的确认和笃信。

信仰，就是相信人生中有一种东西，它比自己的生命重要得多，甚至是人生中最重要的东西，值得为之活着，必要时也值得为之献身。这种东西必定是高于我们的日常生活的，像日月星辰一样在我们头顶照耀，我们相信它并且仰望它，所以称作信仰。但是，它又不像日月星辰那样可以用眼睛看见，而只是我们心中的一种观念，所以又称作信念。

蒲松龄有一句话说得好：“有志者事竟成，破釜沉舟，百二秦关终属楚；苦心人，天不负，三千越甲可吞吴。”这是何等的不懈追求，何等的苦心人。这句话也注定成为千万有志者的励志名言，成为不朽动力源泉。也许此刻，还有千千万万的人，在迷雾中徘徊，人生目标何在，理想哪里去了？因为理想总是可望不可即，如天边的这道彩虹，用美丽诱惑着我们，却永远无法触碰。

提到信仰，也许你会想，那是一个富有政治、哲学色彩，分外高贵的词眼，让普通人高不可攀。其实，这个世界无论是宗教信仰者，还是无神论者，只要是一个灵魂健全的人，总在以自己的方式践行着信仰，只是有的行动没有冠于“信仰”的帽子。有时信仰，看起来并不高高在上，而是那么很朴实，宛如平常一首歌，其实包涵着向善积德的传统，这种传统美德，就是千百年千锤百炼形成的民族信仰之魂。

由此可见，信仰如同浩渺星空中的北极星，众星围绕，是我们生命的方向；信仰是熊熊燃烧的烈火，不论何时，都给予我们战胜一切的力量；信仰是清泉，不论我们如何不利，他总能将我们的心灵净化。

那么，做拥有一颗信仰之心的内涵有哪些呢？个人理解认为主要有以下五点：

1. 信仰之心是一种崇高境界

庄子说："径路绝而风云通，人力穷而天心见"。没有信仰、没有韧性，绝不可能达到此境界。有人说，世界上没有什么东西能代替信仰或信念，代替韧性。聪明不能，因为世界上失败的聪明人太多了；天赋也不能，因为没有毅力、韧性的天赋只不过是空中楼阁。

信仰是人生的定力。社会像大海，人生像一叶小舟，在颠波动荡的生活海洋中，人如果缺少一份定力，就像船没有锚一样，随着漂泊而找不到自己的港湾。人，无信仰则无魂；人，无信仰则无向；人，无信仰则无品；人，无信仰则不立。信仰，如生命之火炬，长明不熄，奋进不止；如海上之灯塔，长亮不已，光照航程；如奋斗之旗帜，迎风飘扬，指引方向；如高山之壮观，基础固，不动摇。一个人坚定信仰，就能矢志不渝，自强不息。

对于宗教我并不推崇，但也不反感。我始终认为一个事物只要能引导人们遵循幸福的方向，那么不管它以何种方式存在，都值得尊重。事实上，信仰并不等同于宗教，它不是表面口号，也不是清规戒律，它不依赖于物质，也不拘泥于形式，它不靠制度规范，更不靠强制力保驾护航，它必然是一种自主的意识，自觉的行为，是一种高层次的精神境界。

信仰所以能为人提供精神动力，主要在于：一方面，信仰能为信仰者提供自己行为道义的合理性。在信仰的鼓舞、指引下，信仰者认为自己的行为在道义上是合理的、正义的，就会理直气壮，无所畏惧，从而产生出巨大的精神动力。

2. 信仰之心是一种终极追求

有了确定的信仰，也就有了确定的价值和确定的人生目标。确定一种信仰，实际是为自己树立了奋斗的价值目标。信仰有科学信仰、宗教信仰、日常生活信仰、哲学信仰之别。可以说人类是靠信仰生活的，任何一个人都有自己的信仰。它规定着人的生存境界。信仰，它从生命的意义上表征着人类从有限对无限的追求。

对于终极的关切，对于人生根基的寻求，对于无限和永恒的依托，无疑构成了信仰的最本质的、最内在的和最高级态的特征，有人称这是本体论意义上的信仰，是的，不管是科学还是宗教就是依托这种本体论上的精神支点，去关切去信仰无限的存在，从而构成了对宇宙的形形色色的终极信仰。

信仰意识到生命存在源头的无条件惠予，因此会有一种真诚的感恩心态，尊重生命，待人谦和，理解和同情人存在的痛苦，有分寸、能包容、好学不已，不会陷入不知以为知、不能以为能的愚昧与狂妄，也不会形成那种在低中层信仰者中很常见的对非信仰者的居高临下的心理傲慢。

对科学或宗教的意义与实在的怀疑与反思最终消灭了科学和宗教的话，那我们的生活和人生便顿然失去了一切。换句话说我们的怀疑也是追求一种确定性，怀疑也是为了满足我们的确定性信念的追求。对自然和人生的追求中，赋予自然和生活以确定的意义，神学、哲学、科学都源于人类探索“存在的意义”，源于人类的“终极关怀”，而这种终极信念的确定性追求便开创了人类的文明。

3. 信仰之心是一种无形力量

信仰是一个人的精神内核，是支撑人坚定走下去的动力源泉。一个有信仰的人是一个有追求的人，时刻有种无形的力量支撑着自己往前走。人的胜利，不见得属于强者，但或迟或早，相信自己能成功的人必能成功。有了信仰，前方的路就不会再迷茫；有了信仰，前进的路中就不会再孤单；有了信仰，就有了翅膀，坚定地向着未来飞翔……

信仰是一种力量，无形的但足以震撼世界的力量，谁拥有了这种力量，谁就拥有了奇迹，就拥有了主宰胜负的最后底牌。心中若有一个信仰，人需要兼具开拓者勇往直前、百折不挠的勇气；心中若有一个信仰，人就需要准备为信仰付出一切的精神，舍弃一切的勇气；心中若有一个信仰，人就需要储备实现信仰诸多条件，努力学习相关知识和技能；心中若有一个信仰，人就不能光凭理性思考和期盼，必须付出一切努力，才能实现理想和愿望。

在我们的生活中，信仰就是人对人生观、价值观和世界观等的选择和持有。你有过坚定不移的时刻吗？你有过执着不放的事件吗？如果有过，你一定能体会这种感觉。信仰不一定是神，不一定是佛，它可以是任何无形的力量，或远或近，但是只有我们的心灵能够感应到。由此可见，信仰，让我们在别人迷茫时清醒，在别人犹豫时坚信。坚定的信仰会激发出巨大的热情和创造力，因为它是一种精神支柱，是一种精神动力。

4. 信仰之心是一种精神托付

哲学家萨特曾经说过：“世界上有两样东西是亘古不变的，一是高悬在我们头顶上的日月星辰，一是深藏在每个人心底的高贵信仰。”人作为高级动物，总有自己的理想和信仰。古代《女娲补天》《精卫填海》《嫦娥奔月》的传说，遍及欧美的教堂、中国的庙宇，都蕴涵着人们的信仰。

丹麦哲学家基尔凯郭尔认为，人生有三个状态、三个阶段：一是审美，获得感官需要，而仅此则摆脱不了声色犬马、纸醉金迷；二是道德，体验善恶、苦乐，追求善良、正直、节制，仅此则只是个“好人”而非“完整的人”；三是信仰，有信仰者就会超脱世俗功利，利他助人、奉献社会。当然，基氏把信仰托付给神灵，我们则托付给科学。恩格斯把理想誉为“有机物最高产物”。

人有了信仰，就是有了精神力量。如果信仰是崇高的，人就会努力使自己成为具有高尚的思想境界和道德品质的人，不断努力去追求自己的理想，塑造一个美好的社会角色。如果信仰是偏差的，那人的人生观、世界观就是扭曲的，这样的人也会为他扭曲的信仰做出疯狂的举动，从而危害自身、危害社会。

人，选择信仰很艰难，坚守信仰更艰难。难就难在，信仰是由不同阶段的目标连接起来的，在实践过程中要经历许许多多的挫折、失败、磨难与考验。坚守信仰往往比坚守生命更不容易做到。生命真正需要的不只是物质上的满足，也不是一些看似简单的精神层面上的富有。人真正恐惧的应该是灵魂深处的孤独，人真正渴望的应该是一种真实的依靠。

人生不如意之事十之有八九，每一个过得如意之人往往是不懈追求换取的。听一首歌，就会觉得天籁之音难寻，可终有一天，你会发现属于你自己的天籁之音，或许只是一个片段，一个声音。

5. 信仰之心是一种理想追求

信仰和价值观有着密不可分的相互关联和支配作用，精确地标定着人类的理想追求、道德操守和行为准则。有人说“一个没有信仰的民族是可怕的，一个没有信仰的人则是很可悲的。”什么样的信仰决定和影响着一个人的世界观、人生观和价值观。如何树立起广泛共识的崇高信仰，并不断校正和引领着价值观的正确方向，则是每一个人所应执着追求的。

一个人的信仰和人生追求，决定着他的价值取向和行为准则，追寻什么信仰，树立怎样的价值观。当一个人、一个社会信仰缺失、价值观念混乱，可能带来严重的恶果。所以，信仰和价值观不是可有可无的东西，它是人生的必备“硬件”。

在当今社会背景下，由于多元文化和思潮的冲击，很多人的人生追求和价值信仰在某种程度上出现了偏离时代要求的迹象，尤其是多种经济成分并存，价值观念的不同，决定了人们意识形态的异化，加之贪污腐败现象的多发频发、社会分配不公和贫富差距的加大等，使一些人对共产主义信仰产生了怀疑、甚至动摇，空虚、自私、冷漠、愤世，浑浑噩噩，毫无理想信念。

而今，如何重塑信仰，找回理想，明确人生追求，用高尚的信仰补精神之钙、养道德之血、医心灵之疾、治思想之病、培浩然正气，是我们不能犹豫的坚定选择。只有拥有坚定地信仰，理想才不会成为无根之木、无源之水，才会在信仰的支撑下自由的飞翔。

千锤百炼，也终成铠甲

余生漫漫，能和值得珍爱的人共度，是福气；若只能一个人独享，也不会有什么遗憾。

[第一年]

在结束了一段很多年的感情后，她第一次来到这座城市。一个人，拖着巨大的旅行箱，在街边走到鞋子坏掉，像一只狼狈的蜗牛，一点一点地挪动壳和身体。好在城市足够大，人海汹涌，车马喧嚣，没有谁会凭空关注你，把一个人全部的悲喜砸进去，也溅不起一丝水花。

南方城市的春天，湿气极重，仿佛每一寸空气都有了重量，压得人透不过气来。在这寸土寸金的地方，她的容身之处是一间没有窗户的小屋子，一张床，就是全部的家具。墙上一个老旧的换气扇，也只是吝啬地从风叶间，泄露秘密一样地，透出一两道光线。

每天清晨，为了能够稍微从容一些地使用公共卫生间，她需要很早就起床，然后乘坐第一班公交，穿越小半个城市，去某座摩天大楼里上班。因为没有相关行业的工作经验，她只得从实习生做起，薪水很微薄，但勉强能养活自己，还不算太糟。

她工作很努力，经常加班到很晚。有一天下班前，领导表扬了她。走在霓虹闪烁的街头，回首看着公司大楼时，她突然感觉，这座城市也不是那么冷酷得不近人情。回家的路上，遇到花店正在打折，她给自己买了一束康乃馨，插在床头，清淡的香气很快溢满了整间屋子。

只是，关节炎的症状在加重。或许跟地域环境有关，整个春季的深夜，她的膝盖都在疼。就像蛰伏在身体里的小虫子都苏醒了，它们在骨头里拱来拱去，偷偷摸摸地撕咬啃噬，让人不得安宁。每当那样的时刻，她都特别想把膝盖骨拧开，就像拧瓶盖似的，看看里面的零件有没有缺斤少两，或者干脆往里面倒杀虫剂。

不像在原来的城市，同样的病症，不一样的痛感——之前的疼痛，偶尔发作，却是沉钝的，像石头或铅灌进身体里，笨而重，而在这座季风性气候的城市，疼痛则变成了一种“动物型”的，狡黠得很，真是难以对付。

其实比关节炎更难以对付的，是那些扑面而来的往事。有人说爱情是个“前人种树，后人乘凉”的事情，不经意间，她竟也成了那个种树的人。

原以为，自己会寻死觅活地对待——毕竟是那样掏心掏肺地爱过，山盟海誓、百转千回到只差一纸婚书的感情，从大学，到就业，七年的感情，岂能甘心拱手让人？

但是没有。在决定离开的那刻，她就清醒了。人心，变了就是变了，你付出再多努力又如何？爱情是这世间唯一不可靠打拼得来的事物。

好在工作可以。很多时候，她都觉得自己像一个孤注一掷的赌徒，坐在生活的对面，红了眼地想赢回一些爱情之外的东西，而她的筹码，就是一颗年轻无畏的心。

[第二年]

她加了薪，还小小地升了一次职，已经租住得起带厨卫的单身公寓了。

搬家的那天，正值盛夏，阳光热烈得不像话。她拖着那只巨大的旅行箱，走在街道上，头顶的法桐树树叶遮天蔽日的，浓稠的绿意把天空映衬得格外透明。

新的住所里有一张书桌，放在玻璃窗前，淡紫色的窗帘堆在上面，像一团柔和的云。窗外有一株高大的香樟，细碎的枝丫间结满了苍翠的小果子。

不用加班的周末，她会一点一点地往小窝里添置家什和物件。比如书籍，一本一本地码在书桌上，可以陪伴她很多夜晚；一些粗陶的花盆，是她从二手市场淘回来的，可以种植多肉；还有一个大大的枕头熊，憨头憨脑的样子，跟它倾诉再多的心里话，它也不会告诉别人。

工作依旧很忙碌，跟客户交涉，整理资料，做企划案，一切都要做到更好。经常下班时已是夜深，同事所剩无几，她在电脑面前起身，腰酸背疼地站在空旷的办公楼层里，俯瞰这座金粉奢靡的城市——川流不息的街道，彻夜不眠的霓虹，每天都有那么多的人怀着一腔热血，勇敢地寻梦而来，每天也都有那么多的人在残酷现实的打击下默默铩羽而归。

有时，她也忍不住问自己，这样拼命工作是为了什么。是为了内心的骄傲而去争那一口爱情之余的气吗？或许是，或许又不是。毕竟人活着，最终还是为了自己。

每天，乘坐早班地铁去上班，穿越密林一般的人群，世相百态，尽收眼底。与之擦肩的每一个人，口袋里都装着故事，那些故事汇集成了城市的表情，于是，在与其对视的时候，便不会显得那么苍白无依。整装待发的上班族，拿着手机哼唱的少年，满脸皱纹的流浪者，目光如炬的背包客，还有拥抱着在一起的小年轻。

她想起自己的学生年代，爱情大过天的年纪，怎么炫耀都嫌不够。

那个时候，她会穿着打折的裙子，牵着喜欢的人招摇过市，放声歌唱，柔声念诗，满脸笑容——“你来人间一趟，你要看看太阳，你要和你的心上人，一起走在大街上……”

那个时候，如果有梦想，那也不过是，毕业后去他的老家。那里有绵长的边境线，有大片的薰衣草花田；那里的阳光很充足，姑娘很貌美，小伙子的眼神深邃又柔情。然后，她要给他生一大串孩子，天气一好，就系着花头巾，带着一窝小崽子出来，站在墙根美美地晒太阳。身后的牛羊很肥，花草正香……

那个时候，他会紧紧揽住她的腰，细致地吻她。

那个时候，爱恋正浓，生死无惧。

而如今，站在熙熙攘攘的城市街头，阳光普照，仿佛置身于宇宙中央。时间流转，每个人都是一颗星辰，有的灿亮，有的晦暗，有的硕大如天灯，有的渺小如微尘。她会饶有兴致地想：自己是哪一颗星呢？

至于那些原以为会一辈子刻骨铭心的爱，以为稍一牵扯便会伤筋动骨的回忆，再想起，却已经是很遥远的事情。

诚然，在这世间，生比死更需要勇气，平静比欢愉更恒久。

[第三年]

她开始为自己做饭，不是单纯地果腹充饥，而是很用心地去烹饪。

在凉雾流动的清晨，去菜市场买新鲜的菜蔬，放到冰箱里，然后在灯火辉煌的黄昏，系上围裙，慢慢地炖一锅羊肉汤。肥美的菌子，青翠欲滴的蒜叶，食物交杂的香气氤氲在小屋子里。玻璃上雾气蒙蒙，她一手拿着汤匙，一手捧着书，顿觉生活鲜美。

窗外的树叶，落了一次，又长了一次。她捡了一枚做书签，在上面写下顾城的句子：一个人，应该活得是自己并且干净。

不觉间，来到这座城市已有三年。树叶落了又会长出新的，身体里的心死去一次，也会生出新的。

这个城市的冬天，是出了名的湿冷难熬。夜间，她煮了花椒水泡脚，据说可以祛除风寒，虽然见效很慢，但只要坚持，就会有意想不到的收获。这是一位老中医告诉她的，她相信。

还有艾灸。每天入睡前，折一段艾条点燃，放在灸盒里面，再把灸盒绑到膝盖上。带着植物香息的热流可透过皮肤，渗入骨髓，关节的疼痛舒缓了许多，后来竟渐渐察觉不到。

艾条是老中医亲手制作的，陈年的大叶艾，收敛了燥气，碾成细细的艾绒，加入药粉，用桑皮纸裹紧，卷好，再用糨糊封存。

她曾亲眼见证，老中医用艾灸的方法帮一位姐姐纠正了胎位，让其顺利分娩出白胖、健康的小婴儿。

那位姐姐，是她在这座城市认识的第一位朋友，曾在殡仪馆工作，有一双极温柔的手。有一段时间，她失眠得厉害，姐姐来看她。她躺在床上，姐姐的手指肚滑过她的太阳穴，犹如春水漫过心尖。那一刻，她闭上眼睛，突然觉得人世间好像有什么东西被自己遗落了，就在这寂静之中，在独自面对世界之时。

这几年，她也不是没有过感觉寂寞的时刻。

比如，夜间摸索着起来倒水喝，听着水在喉管里“咕咚咕咚”流动的声音，沉闷又清晰，觉得微微的寂寞。

比如感冒时，蜷缩在被子里，想起工作中的被刁难，生活中的被辜负，心里冷寂一片。

比如在深夜归家的出租车上，年轻的司机给她点了一首歌，叫《三十岁的女人》，让她听到潸然泪下。她记得那个司机的样子，侧影清秀，声音略微沙哑。可城市那么大，她再也没有遇见过他。那夜的情景，像一个美丽的梦。

有一段时间，她喜欢上一档网络电台的情感节目。主持人的声音很好听，清甜，不是让人讨厌的暧昧，还有一丝丝韧性，在暗夜里向耳膜传递着爱情的讯息——“我回忆完关于你的一切，犹如去赴最后一个与你的约会，而后天南地北，再不可能翻开。这几笔写完后，我就要钻进被子里面再梦一场，希望依然荡气回肠，有笑有泪。”

她回味了很久，却到底还是觉得寂寞，好像站在真实又无法触及的风中，两手空空。

但生而为人，就具有天生的修复能力，就像身体里的细胞有着强大的再生功能，这是一种防御的本能，也给你自愈的力量。

谁的生活不是百炼成钢？谁的爱情不是久病成医？你曾赐予我的软肋在这时间与思念的熔炉里，千锤百炼，也终成铠甲。

后来，她不再失眠，也尽量不熬夜，不让自己生病。好好吃饭，爱惜身体，天冷了就加衣，工作到再晚也要坚持泡脚，做艾灸，然后敷一张面膜，让自己活得更体面一些。

一个人的状态，没有那么完美，也没有那么糟糕。如同一只两栖动物，在茫茫人海的外界，或是自成岛屿的公寓，在世界与个人之间，她已经可以游刃有余地切换。

如此，一年，两年，三年，或许，更久。

好在，二十七八的年纪，她的心里留存着少女的纯洁，也早早获取了中年的自持，能够温柔地爱着自己，也可以坦荡地应对这个世界。余生漫漫，能和值得珍爱的人共度，是福气；若只能一人独享，也不会有什么遗憾。

夜色寂寥，窗外飘起雪花，有隐隐的光斑，浮动在房间里。她倚在床头，想到圣诞节又快来临，明天要去商场给一个可爱的小朋友挑选礼物，也是一件愉悦的事情。

或许不久，又或许很多年后，她也会遇到一个人，他们之间，没有轰轰烈烈、山盟海誓的过去，却有踏踏实实、山明水秀的未来。每一个夜晚，都会拥抱着入眠；每一个清晨，都在期待中苏醒。他们一起为生活打拼，为彼此加油鼓劲，一起吃饭、旅行，像旧友一样谈心。如果还没有老掉牙，就生个可爱的孩子，等他长大后，还可以跟他讲爸爸妈妈的故事……

夜渐深，她伸手熄了台灯，给自己掖好被子，就这样想着，笃定又安然地睡去了。

你的情况是不是欠费了呢

有一个小学妹跑来问我，说自己已经大三了，依然觉得和身边的人格格不入，宿舍的同学逃课逛商场，在宿舍看剧，每天无所事事，她觉得自己和周围的人不是一个圈子的，所以很少和她们一起活动，也不怎么和她们聊天，现在觉得大家都不是很喜欢她，干什么也不叫她。

她有点难过，觉得自己很孤独，又不知道要怎么改变，更重要的是不知道自己该不该改变。

我问她，大三了，你英语四级过了吗？她说没有。你逛街的舍友过了吗？过了。

她看不上别人逛街看剧逃课，觉得自己比别人厉害，但是都大三了，连英语四级也没有过，又有什么资格站在自制的高处去评判别人呢。

如果你说你们几个人你看英剧受不了她们看美剧，你不喜欢她们我都可以理解，可是想和朋友们好好相处，又把自己端那么高，当然不被大家喜欢了。

那被大家喜欢，这件事重要吗？

可能有的人说不重要，他们喜不喜欢我，和我有毛线关系，他们不喜欢我，难道我要抽筋扒皮地去改造吗。

反正我一点也不关心别人喜不喜欢我，因为我就是我，是颜色不一样的烟火，我活得开心。

说这种话的人不是自大，是他们还没有被别人讨厌过，或是还没有到让曾经喜欢自己的人也讨厌的地步。

被大家喜欢，真的是一件很重要的事。

因为这个世界不是乌托邦，不是童话故事，这里全是现实。

很多人都告诉你说，你一定要坚持做自己，这样没有错，但是没人告诉你说，有可能你坚持的自己本来就是错的。

我曾经写过一篇说我在大学里曾经被别人孤立的文章，被孤立真的有一种孤独感，所以那个时候我一心想让舍友喜欢我。

当然我也抱着没有人理解我的想法独自舔了好久的伤口，觉得讨厌我的人都是大傻子，可实际呢，生活在一起的五个人，只有一两个人讨厌你，你还可以这样想，

但是有很多人开始孤立你排斥你，

可能最傻的真的就是自己。

如果我觉得被人喜欢这件事不重要，那我可能就不会发现自己那些真正让人讨厌的地方，所以在大学的时候我就承认了自己的讨厌：

1. 我说话拐弯抹角到有点虚伪

这点我承认，因为我是一个不好意思拒绝别人的人，她们有事来找我，我虽然不情愿，但是还是会答应下来，临到要做了，才发现自己真的做不了，做不了又不肯承认，找一些可笑的理由来敷衍。

很多事情我不愿意别人知道，又讲不出关你屁事这样的话，别人问起来的时候，支支吾吾地就有点虚伪。

2. 经常矫情地无病呻吟

我曾经真的是一个矫情帝，整个宿舍要按矫情排名，我当第二没人敢当第一。其实矫情本来是自己的事，和别人有什么关系呢？但是我当时情商低就真的有问题了，我经常在矫情发状态时，会把其他人带进去，也会把自己对大

家不满的地方，自以为很巧妙地掩饰过了发到朋友圈去。

可是我傻大家又不傻，大家一眼就看得出来。把对别人的不满发到朋友圈就和在人家背后讲坏话一样，有什么不太满意的，要不当面谈，要不咽回去。可惜当时情商低得可以，我并不明白这个道理。

我想方设法地明白大家讨厌我真的是因为这两点原因之后，我就刻意地改进了，毕竟以后人生路还长，人又是社交动物，我明明知道这是缺点还死命坚持，那我才是给自己断送社交后路。

我那个时候天天觉得自己简直是世界上最可怜，其实可怜之人必有可恨之处才是硬道理。

我把这两个大缺点改正之后，又和大家相亲相爱到了毕业。

很多人坚持说，我真不在乎别人会不会喜欢我，因为我又不是人民币，做不到谁都喜欢。

我们当然不需要做到被谁都喜欢，因为就算是人民币，还有人说它肮脏俗气呢。

一两个讨厌自己的少数派不需要认真，但是自己在被很多人讨厌的时候，就需要真正地去反省一下，到底是别人傻，还是自己有的地方真的很让人讨厌。

“你被大家指责说秀优越的时候，先别急着昂着脖子解释，你们嫉妒我，我才没有”！

“你被大家评价说是小气鬼的时候，先别急着翻白眼不平，我就是没有你们有钱”！

“你被大家认为有点自私的时候，也先别急着气愤地争辩，你们也没有为我做过什么”！

我们除了要鉴别人是不是傻，也要学会坚定自己是不是情商智商偶尔欠费。

不然当那些喜欢你的人也走掉才发现自己确实讨人厌，可能真有点晚。

所有的未到来都
值得你去深情期待

那年我乘火车出差到远处。乘车久了大家就交谈起来。我对座是一个年轻人，他很少说话，一直凝视窗外。窗外的景色稍纵即逝，一会是绿油油的原野，一会是繁华城市的一角。

看着他入神的样子，我忍不住去问："沿途这么多风景，你认为哪里最美？"他颔首，沉吟片刻，肯定地回答："下一站风景最美。"我很惊诧他的答案。

渐渐他收回目光，和我攀谈起来。他说他其实挺倒霉的。高中升大学，他本来已经确定下来被保送到一所很好的高校，可是公布名单时却换成了别人的名字。那时离高考只有一个月的时间，他忽然感到很愤懑，在家闹起情绪来，双拳撞墙，直撞得骨节都肿了。妈妈在一旁落泪，低语相劝高考拼一下。高考成绩出来后，他的成绩只够专科。他躲在家里不肯见人，情绪暴躁。

在外地工作的父亲特意回来。父亲没有多说什么，只是带他坐上了火车，坐了许久，父子都不语。最后他问要去那里，父亲意味深长地看着他说：下一站。下一站是哪一站呀，他好奇地问。父亲拍了拍他的肩，语重心长地说下一站是最好的一站。如果你不满意，我们就一直坐下去。火车会不停地奔跑，永远有下一站。

他怔住了，看着窗外旺盛的夏天的景象，眼眶濡湿了。

回去以后，他全部精力投入学习，以备来年再战。果然功夫不负有心人。次年他以优异成绩考上理想院校。

毕业了，他回到家乡城市报考公务员，虽然成绩名列前茅，但竟因身体等方面不合格，没有录取。他的低落仿佛又回到了保送那年。

父亲来到他身边，问要不要去坐火车呀。他笑了，心领神会地说不用了。第二天他收拾好东西，到南方闯荡。终于闯出一片天地。

说着他嘴角流露出一丝自豪。

那你现在坐火车去哪里。又遇到烦心事了？我问。

他的眼里掠过几分忧郁。是呀，我的设计方案存在电脑里。那天好朋友去我那儿，我为他准备饭菜。唉，他叹了口气，结果几天后我的成果都成他的了。那是很重要的设计，竞聘一个高管。他苦笑。

我很理解他的心情，没有关系，你的下一个设计会更好。

他眼睛更加明亮起来，会意地笑着，是呀，下一站永远是最美的。

的确，沿途美景，没有哪一个是最美。人生所经之事，没有哪一件是最好。只要勇敢走下去，最美的最好的，一直在前方等着你。

等等看，时间会给你最好的答案

[1]

周阿姨收养了一个女儿，但自从她女儿谈恋爱后就常常和男朋友在一起，不太回家，所以周阿姨不太高兴。在周阿姨发现女儿竟然背着她拿着家里的房产证为男朋友抵押了20万贷款做生意后，两个人大动干戈，动起手来。周阿姨的项链被拽断，身上被抓伤，加上邻居当中有些人跟着一起骂她养女，周阿姨也越来越觉得养女指望不上了，想让养女给她一笔抚养费，从此断绝母女关系。

就当我们都认为这样的养女太败家，太不懂事，两个人的关系肯定要断绝时，叔叔出面劝说，认为小猫、小狗养久了都有感情，何况她女儿都养到25岁，即便不是亲生的，也肯定是有感情的。问了她养女之后，果然情况并不全是周阿姨说的这样。原来周阿姨在家里脾气非常急躁，一点点小事不顺心，就要动手打女儿，摔东西。这次受伤她女儿也是心急，不小心拽断了项链，伤到了周阿姨。她女儿说即使已经找到亲生父亲，但是只要一去亲生父亲那里，周阿姨就生气，所以很少去见亲生父亲，毕竟她觉得在心里周阿姨才是她的妈妈。原来在她女儿心底，周阿姨也占有非常重要的位置，只是彼此都在气头上，火气一来，难免冲动，事后又没有合适的台阶下，关系只能僵着。后来在叔叔的调和下，周阿姨和养女把话谈开了。主要是周阿姨担心女儿将来离开自己会跟她亲生父亲在一起，害怕失去她，所以控制得过分了点儿，越控制，女儿越想逃离，所以才交了不靠谱的男朋友。好在那抵押房产贷款的事也还刚在签协议期间，没有酿成大错。

这件事发生如此逆转，让我感觉有些意外，但也让我明白了一个道理，一些人在气愤和情急之下说出的气话，肯定是有原因的，也有片面性。不了解事情的全部过程和人性中嫉妒、冲动等情感因素，很容易让人做出错误的判断与选择。但不管怎么样，要始终相信，感情是来之不易的，不会轻易消失。在感情出现矛盾时，要就事论事，找到症结才能对症下药。

[2]

表妹结婚后，妹夫是家务活、做饭的主力，两个人小日子一直过得悠闲自在。正当亲戚们都羡慕小两口的幸福时，两个人却吵闹着要离婚。原因是妹夫居然动手打了表妹，表妹说她什么都能忍耐，但是绝对不能容忍男人动手打人。表妹的脸上被打出了熊猫眼，亲戚都对妹夫的行为非常失望，认为两个人肯定过不下去了。表妹一时冲动竟和妹夫去办理了离婚。好在亲戚当中的大表姐是学过心理学的人，认为她们有5年的感情基础，吵架一定有原因。大表姐一问，才知道原来结婚5年，表妹一次都没去过妹夫的农村老家，这次因为妹夫的姐姐生了重病，要到城里来治疗，想住到表妹家。表妹因为他姐姐从来都不照顾她们，当时买房子管她借钱也不给，现在生病落难了却想起弟弟来，死活不同意。妹夫知道姐姐家困难，毕竟上学时姐姐资助过他，现在不能见死不救，因为表妹说话太难听，妹夫一冲动就动手打了她。

这样听下来，我也不知道该站在谁的立场上，都有错，也都有理。好在表妹和妹夫感情上没有什么本质上的重大分歧，在大表姐的劝说下，两个人答应先分开一段时间，争取好好处理这种家家户户都可能碰上的事，如果可能要考虑复婚。经过一段时间的磨合，现在，两个人果然和好了。

又是公说公有理，婆说婆有理的感情纠纷。冲动之下，两个人为了各自的面子，看不清问题的本质，处理方式不得当，导致关系剑拔弩张，走得越来越远。外人如果不能帮助权衡利弊，理智分析，光听她们某人一面之词的话，肯定会越搅和越乱套，最后做出错误的判断，也会拆散一对原本感情还不错的鸳鸯。好在大表姐相信她们感情基础比较牢固，及时帮他们分析了关键原因，让她们的关系拔云见日，而没有毁在家长里短的琐碎当中。

一日夫妻百日恩，即便快餐文化盛行的今天，也要对感情有最起码的信任，没有任何一段感情或一个人是可以招之即来，挥之即去的。

[3]

这让我又想起另一对认识的鸳鸯夫妻。两人是大学里的同学，是同学们眼中真正的郎才女貌，男的才华横溢，学生会主席，女的才貌双全。但是工作不久后，因为男的总是忙于工作，女的感觉被冷落，两人关系出现危机。尤其是当男的因为长期驻外工作，有了外遇之后，女的因为经常性的优越感而无法忍受这一切，到男的公司去闹得沸沸扬扬，搞得男的很难堪没有回旋余地，最终只能离婚散场。本来在我们眼中完完全全是一出男人薄情女人可怜的爱情故事。但是多年后听他们的朋友说的却是另外一番光景。原来男的想认错极力挽回这段关系，却发现女的在外面有了相好的，只能放弃这份感情。这样的结局让我们大跌眼镜，孰是孰非外人真不能妄下结论。

眼见过他们恩恩爱爱，没想到却变成这个样子，多少有点对感情感到寒心。如果当初男的即使很忙但能考虑女的孤独寂寞多陪陪她，如果女的发现后不去男的公司闹，如果后来女的不要报复性地另结新欢，也许他们的感情现在还是让人羡慕的一对。但是这些假设都已经为时已晚了，他们在感情出现问题时，就是因为缺少了对感情的那么一点信念，而错过了解决问题的黄金时间。生米煮成熟饭，就没法重新回到最初了。

[4]

不光人之间的感情得来不易，即便是动物，时间久了也会产生感情。还记得公司里曾经收留过一直流浪花猫，起初大家还经常从食堂给它带吃的，久而久之就有感情了，它总是乖乖地准时守在楼门口，等着大家给它带食物。但是后来怕它影响公司环境，就打算把它送走。把它送走了好几回，它都自己跑回来，让大家非常感慨动物也是如此的有灵性。实在没办法，就让一个小伙子坐车坐了很远把它送走。这次这只花猫再也没回来过，不过听同事说有人在公司附近的某条路上看到它被车撞死了。可怜的花猫啊，也许它都快找到公司了，却在半路上被撞死。但足以证明它的感情，连一只猫尚且如此，何况是人呢。所以一定要相信人是更有灵性的动物，更懂得感情。不要因为一时冲动或片面的信息，而对经营了多年的关系妄下定论。

信念，相信感情的培养不是一朝一夕，也不可能风卷残云般被一件事或几件事就消耗殆尽，才是经营各种人际关系的黄金利器。

[5]

各种地质灾难中，黄金72小时是救援界公认的黄金救援期，这段时间中，灾民存活率极高，如果在这段时间中能最大限度地救援也可以最大程度地挽救灾民的生命。对于经营人际关系来讲，也有黄金利器，那就是信念。

在各种情感关系的处理中，要相信人与人之间的感情，不管是亲戚、同学、朋友还是同事，即便很久不联系，即便有误解，好像已经形同陌路，已经接近老死不相往来的程度，但是随着时间的推移和心智的成熟，总有豁然开朗的一天，尤其是看透人生和人际关系的本质后，就会慢慢对各种关系感到释然。

我也跟先生吵过架，但是现在让我回忆，也要花费很大力气才能想起，很多都已经忘记具体的来龙去脉了。因为我有一个信念，就是要经营一个幸福的家庭，所以其他的一切都可以为这个信念让路，该狠狠忘记的就想办法忘记，该好好保留的就认真记录。关于孩子的未来，我也有一个信念，就是让孩子健康幸福，其他学习上的、就业上的困难都是暂时的、次要的。关于和同事的关系，我的信念就是对事不对人，能一起合作把事情做好就能建立良好的关系，其他的没时间想太多。成不了朋友没关系，但也没必要成为敌人。关于和各种远近亲戚的关系，我的信念就是你敬我一尺，我敬你一丈，因为说不上哪天就需要互相关照，保持淡淡的联系，不能生分了。

在所有人际关系的经营中，有一条最重要的信念就是，一切都会朝好的方向发展。因为人有一种本能，会忘记那些不愉快的，留住那些美好的。所以，经营不好的时候，就再等等看，时间会告诉你最好的答案。